主办 中国建设监理协会

中国建设监理与咨询

25

2018 / 6
总 第 25 期

CHINA CONSTRUCTION
MANAGEMENT and CONSULTING

中国建筑工业出版社

图书在版编目（CIP）数据

中国建设监理与咨询.25/ 中国建设监理协会主办.—北京：中国建筑工业出版社，2019.2
ISBN 978-7-112-23331-1

Ⅰ.①中… Ⅱ.①中… Ⅲ.①建筑工程—监理工作—研究—中国 Ⅳ.①TU712.2

中国版本图书馆CIP数据核字（2019）第029988号


责任编辑：费海玲　焦　阳
责任校对：王　烨

中国建设监理与咨询　25

主办　中国建设监理协会

*

中国建筑工业出版社出版、发行（北京海淀三里河路9号）
各地新华书店、建筑书店经销
北京雅盈中佳图文设计公司制版
天津图文方嘉印刷有限公司印刷

*

开本：880×1230毫米　1/16　印张：7$\frac{1}{2}$　字数：300千字
2018年12月第一版　2018年12月第一次印刷
定价：**35.00**元
ISBN 978-7-112-23331-1
（33624）

# 中国建设监理与咨询

25
2018 / 6
总第25期

CHINA CONSTRUCTION
MANAGEMENT and CONSULTING

## 目录 CONTENTS

## 《中国建设监理与咨询》编委会工作会议在重庆市召开

2018年12月6日，《中国建设监理与咨询》编委会工作会议在重庆市召开，60余人参加会议，此次会议得到了重庆市建设监理协会的大力支持。会议由中国建设监理协会副秘书长温健主持。

会议首先由重庆市建设监理协会会长雷开贵致辞。雷会长在表达了对全体与会人员欢迎的同时也肯定了《中国建设监理与咨询》在行业中的作用。随后，由中国建设监理协会信息部副主任孙璐向编委们汇报了《中国建设监理与咨询》2018年的工作情况并提出了2019年工作建议。会议同时还邀请重庆市建设监理协会、云南省建设监理协会、武汉建设监理与咨询行业协会分享了他们在宣传工作和信息化管理方面的经验。编委们就如何办好《中国建设监理与咨询》展开了热烈讨论，提出了很多中肯的建议。

中国建设监理协会会长王早生作题为《进一步办好〈中国建设监理与咨询〉全面开展建设监理行业宣传工作》总结讲话，希望通过大家共同努力，把《中国建设监理与咨询》做成协会对外展示形象的有形名片，为全国百万监理人提供广阔的交流平台，进一步提升监理行业宣传工作的传播力、影响力和引导力，为监理行业的创新发展作出更大的贡献。

## 上海建设监理行业发展30周年纪念论坛在沪隆重召开

为了全面展示上海监理行业取得的辉煌成就，探索新时代背景下行业创新发展之路，2018年11月29日，由上海市建设工程咨询行业协会主办的"上海建设监理行业发展30周年纪念论坛"在沪隆重举行。

来自本市监理企业及全国各地监理协会同仁、上海兄弟协会、同业协会共计300多名代表参加了论坛。中国建设监理协会会长王早生、中国土木工程学会秘书长李明安、上海市住房和城乡建设管理委员会副主任裴晓等领导出席论坛并致辞，上海市发展和改革委员会副主任阮青出席论坛并作主旨演讲，上海市住建委政策研究室主任徐存福、建筑市场监管处处长沈红华等出席会议。

作为论坛的主办方，上海市建设工程咨询行业协会会长夏冰致欢迎词。他表示协会召开上海建设监理行业发展30年纪念论坛，一方面是对过去的经验进行总结，另一方面也通过这样的平台展示上海监理行业取得的成就以及面对未来的探索和创新。

与此同时，本次论坛特邀上海市建设工程监理咨询有限公司董事长兼总经理龚花强、上海同济工程咨询有限公司董事总经理杨卫东、上海建科工程咨询有限公司总经理张强、华东建筑集团股份有限公司经营部副主任袁晓等业内专家作精彩演说。

论坛还举办了以"监理行业未来发展之路"为主题的圆桌讨论，邀请了政府管理部门、行业协会、高校、国有企业、民营企业等领导、学者、企业负责人，从政府、行业、企业的角度，共同探讨工程监理行业在新时代面临的机遇与挑战、创新发展策略，并与现场听众进行了交流与互动。

本次论坛还对中国工程监理行业开拓者、同济大学工程管理研究所名誉所长丁士昭教授及其他一些为上海监理行业乃至中国监理事业发展作出重要贡献的前辈表达了敬意和感谢，同时公布了一批上海建设监理行业发展30年最具影响力的项目和优秀论文。

## "会员信用管理办法"课题修改会在西安召开

2018年11月13日，中国建设监理协会"会员信用管理办法"课题组在西安召开了第六稿集中讨论修改会议。中国建设监理协会副会长兼秘书长王学军、专家委员会常务副主任修璐出席讨论会议。

中国建设监理协会副会长、陕西省建设监理协会会长商科，中国建设监理协会副会长、机械分会会长李明安及湖南、陕西、甘肃等课题组成员参加会议。陕西省部分监理企业代表受邀参加会议。

课题组组长商科就课题的进展情况及成果进行了说明，课题组成员及监理企业代表就《会员信用管理办法（第六稿）》进行讨论。

中国建设监理协会专家委员会常务副主任修璐指出要确定课题的成果运用形式问题才能更好地完成课题，提出成果要与协会的职能定位相协调。

中国建设监理协会副会长兼秘书长王学军对课题组全体成员付出的辛勤劳动表示感谢。他对课题成果的内容提出了四点要求，强调要处理好管理办法与评价办法的关系。他希望课题组成员再接再厉，争取早日将成果运用到实践中，引导企业与从业人员诚信经营、诚信执业。

## 北京市建设监理协会发布第三部团体标准《建筑材料、构配件和设备进场质量控制工作指南》

为规范和指导监理行业、监理人员的建筑材料、构配件和设备进场检验的质量控制行为，提升监理人员履职能力。北京市监理协会发布并宣贯了第三部团体标准《建筑材料、构配件和设备进场质量控制北京工作指南》TB 0101-301-2018。113家监理单位的主要领导、技术负责人共计322人参加会议，李伟会长主讲。

李伟会长介绍了《建筑材料、构配件和设备进场质量控制工作指南》的编写目的、调研、研讨、外审、征求意见等过程，详细解读了团体标准涉及的主要内容。指出：第三部团体标准是北京市住建委获奖研究课题的成果转化；是国内第一次把材料构配件设备纳入现场质量控制范畴；第一次全面查阅了材料进场质量控制的国标、行标、地标；第一次明确"两阶段三项任务"的含义；第一次把常用材料构配件和设备与建筑工程的分部分项工程建立联系、加以细化。诸多的第一次使该团体标准具有独到性和权威性，保证了成果处于国内首创、行业领先地位。团体标准明确列出钢筋、预拌混凝土、预制构件、防水材料、保温材料、电线电缆等六种重点材料的具体进场检验要求，明确了进场复试、见证取样的具体内容，明确不合格处置要求、给出不合格处置方式，使其具有较强的操作性。团体标准《建筑材料、构配件和设备进场质量控制工作指南》TB 0101-301-2018，自2018年10月1日起正式实施。

李伟会长要求全市监理人员要认真学习北京市监理协会团体标准以及《建筑工程质量验收统一标准》等16本国家验收标准，要以自学为主，学以致用。各监理项目部结合履职工作需要，有针对性地组织学习，形成全员认真学习的良好氛围。

会上向与会人员赠送了《建筑材料、构配件和设备进场质量控制工作指南》和《超长大体积混凝土结构跳仓法技术应用指南》等书籍。

（张宇红　提供）

## 监理行业转型升级创新发展业务辅导活动在石家庄市举办

2018 年 11 月 28 日，中国建设监理协会在河北省石家庄市举办了华北地区监理行业转型升级创新发展业务辅导活动。共有来自华北地区的 286 名会员代表参加活动。活动由中国建设监理协会副秘书长温健主持。

中国建设监理协会会长王早生作了"抓住机遇，苦练内功，努力推进工程建设事业高质量发展"的报告，河北省建筑市场发展研究会会长张森林到会致辞。活动邀请了来自高等院校、行业协会、监理企业的 5 名专家作了专题授课。

本次活动旨在贯彻《国务院办公厅关于促进建筑业持续健康发展的意见》(国办发〔2017〕19 号)精神，落实《住房城乡建设部关于促进贯彻监理行业转型升级创新发展的意见》(建市〔2017〕145 号)要求，更好地服务协会会员，宣传监理行业发展新形势，围绕"新时期建设监理行业未来发展面临的主要问题""准确理解全过程工程咨询，提升集成化服务能力""危险性较大工程新政解读""监理的风险控制""工程监理企业的转型和能力再造"等内容作了专题发言。

最后，中国建设监理协会副秘书长温健作活动总结发言，希望大家领悟专家讲授内容，更好地应用到实践当中。温健强调了我国工程监理制度 30 年取得的卓越成就和重要地位，呼吁广大会员依法依规做好监理工作，主动担当，对人民、对历史负责，共同迈进新时代，开创新征程，不忘初心，砥砺前行，做好监理企业转型升级创新发展的大文章，推动监理事业健康发展。

## 山西监理 2018 年度通联工作会在太原召开

2018 年 11 月 26 日，山西监理 2018 年度通联工作会在太原召开。参加会议的有山西省建设监理协会顾问董子华、林顺兴，会长苏锁成、专家委员会主任田哲远、秘书长庞志平、理论研究会主任张跃峰、副主任黄官狮、秘书长林群、监事长李银良、副会长兼秘书长陈敏、副会长孟慧业和"两委"成员、监事会成员以及会员企业分管领导、通联员近 200 人。会议由陈敏秘书长主持。

大会首先由孟慧业副会长作题为"聚焦行业转型，凝心合力奋进，全力推进监理行业通联宣传工作再上新水平"的工作报告。"报告"分别从通联稿件、理论研究、竞赛活动、企业文化、助推提升、总结传承等 6 个方面取得的成绩回顾总结了 2018 年通联工作，并对下一步工作就学习、宣传、贯彻落实党的"十九大"精神；加大"两委"引领理论研究；注重行业自律、诚信建设和标准化建设；加强会刊、简报、网站的宣传报道力度，发挥通联队伍突击队和生力军的作用；推动企业信息化建设；聚焦行业发展前沿，加大通联宣传力度等 8 个方面作了安排。

接着由"两委"田哲远、张跃峰、黄官狮、林群四位负责同志分别宣读协会"关于表扬 2018 年度通联工作成绩突出先进集体和优秀个人"和"对参加纪念监理 30 周年摄影大赛成绩突出先进集体和优秀个人"的四个决定。并向荣获"组织摄影大赛优秀单位"的先进集体，"摄影能手"优秀个人代表颁奖；向 2018 年度通联工作和理论研究"标兵单位"等 4 项优秀集体、"优秀通联员"及另外两项优秀个人代表颁发荣誉证书；会议还对 2018 年度百篇优秀监理论文进行表扬；并对在国家三刊物、外省监理会刊等发表、登载的 123 篇论文作者奖励人民币共 26400 元。

随后，"交通监理"通联员李娟、"山西安宇"办公室主任段树秀分别以"强化企业新闻宣传，打造企业品牌形象"和"构建'1510'安宇文化，提高企业核心竞争力"为题，就公司重视新闻宣传，创新工作思路，提高宣传质量和企业文化体系建设的工作思路和作用发挥的重要意义作了交流。他们的经验分享让与会代表深受启发。

监事长李银良代表监事会对会议的各项议程、流程的程序性和召开会议的必要性高度认可并作了总结发言。

最后，苏锁成会长作总结讲话。他首先对受到表扬的先进集体和优秀个人表示祝贺！对今后继续做好通联宣传工作提出三点意见：一是牢记使命，不断创新。在新形势下，通联工作要适应新变化、利用新载体、实现新突破，为企业的转型升级提供服务。二是服务中心，发挥作用。行业通联宣传工作要突出贯彻党的"十九大"精神这条主线，更好地发挥思想引领、舆论支持、凝心聚力、塑造形象的重要作用，更好地服务于行业转型升级的工作全局。三是建好队伍，打造精品。要深入生活、深入实践、深入一线，精准把握当前企业创新发展的动态，善用现代传播手段，勤学习、勤思考、多求教、多锻炼，按照"精、深、高"的要求多出精品。

（孟慧业　提供）

## 中南地区建设监理协会工作联席会议在长沙成功召开

为纪念中国建设工程监理发展30周年，探讨新时期工程监理的发展与对策，根据中南地区监理行业协会联席会宗旨，2018年11月23日，中南地区建设监理协会工作联席会议在长沙成功召开。会议由湖南省建设监理协会常务副会长兼秘书长屠名瑚主持。出席会议的有安徽、河南、广东、湖北、江西、海南、湖南省监理协会领导，广州、深圳、珠海、武汉、长沙市协会领导，以及中南地区监理企业代表共130多人参加了会议。会议特邀中国建设监理协会常务副会长兼秘书长王学军、湖南省住房和城乡建设厅建管处副处长张志斌、上海市咨询行业协会副会长、贵州省建设监理协会会长杨国华、广西壮族自治区建设监理协会会长陈群毓等领导参加会议。

上午，首先由湖南省住房和城乡建设厅建管处张志斌副处长致辞，代表湖南省建设厅对会议表示祝贺，充分肯定了工程监理30年在工程项目建设中发挥的巨大作用，介绍了湖南建筑业近年的发展概况，并对本次会议的成功召开寄予了厚望。

接着，各联席协会代表围绕"新时期工程监理的发展与对策"主题分别作了精彩的主题演讲。

最后，王学军副会长在会上做了重要讲话，从内部和外部剖析了监理行业发展面临的主要矛盾，从4个方面陈述了监理行业面临的主要问题。对如何引导和促进监理行业健康发展，提出了6点建议和要求。

屠名瑚秘书长对上午的会议进行了小结："今天上午的会议取得了圆满成功。会议得到了中国建设监理协会的重视和指导，王会长作了重要讲话，对代表提出了工作建议和要求；湖南省住建厅张处长高度肯定了工程监理30年在项目建设中发挥的重要作用；各联席协会为本次会议作了充分准备，代表为行业未来的发展献计献策、奉献了30年来行业和企业发展的宝贵实践经验，本次会议取得了一定成果，协会之间可以借鉴、企业之间可相互学习，我相信这一定会有利于促进和推动中南建设工程监理行业的创新发展、科学发展和持续发展。"

下午，会议代表观摩了湖南省华顺建设项目管理有限公司自主研发的"质量安全预警系统"的演示。各地区代表在观摩智能技术研发成果和实际运用的效果后，纷纷点赞。

本次会议取得了圆满成功。

（湖南省建设监理协会　提供）

## "装配式建筑工程监理规程"课题验收会在广州召开

2018年12月14日，中国建设监理协会在广州组织召开了"装配式建筑工程监理规程"课题验收会议，参加会议有中国建设监理协会领导、验收组专家及部分课题组成员共14人，会议由中国建设监理协会副秘书长温健主持，专家委员会常务副主任修璐担任验收组组长。

会议首先由课题组报告了课题研究的主要工作情况，课题组组长孙成及副组长龚花强分别就课题的编制思路、调研情况、编制过程、意见征集及成果内容等进行了汇报。

验收组专家听取了课题组的汇报后，审阅课题相关资料，并对有关问题进行质询。经审议，验收组专家认为，课题组完成了合同规定的研究任务，课题研究报告结构合理、内容完整、语言规范，符合团体标准的编制要求，具有一定的创新性，填补了装配式建筑工程监理工作标准的空白，对推动装配式建筑工程监理规范化、标准化具有积极的指导作用。最后，验收组专家一致同意通过课题验收。并建议中国建设监理协会在广泛征求意见及修改完善后形成团体标准。

中国建设监理协会副秘书长温健代表中国建设监理协会作会议总结。他对课题组严谨的工作作风及科学务实的工作态度给予肯定，并对课题组各位专家的辛勤付出表示感谢。

## 河南省建设监理协会召开行业发展座谈会

为促进河南省建设监理行业高质量发展，加快推动监理行业转型升级，2018年12月7日，河南省建设监理协会在郑州召开了行业发展座谈会，分析了面临的形势和存在的问题，提出了促进行业转型升级、提高行业发展质量效益的措施和建议。河南省建设监理协会常务副会长兼秘书长孙惠民主持会议，中国建设监理协会副会长兼秘书长王学军应邀出席座谈会并讲话。

代表们认为，监理的地位不会削弱，监理的未来充满希望。我们要有坚定做好监理工作的信心，正视自身的不足，在发展中解决矛盾，提升自我。监理行业的发展和未来走向依然是业主委托，监理行业只有勤勉服务、履职尽责，不断提升服务的能力，不断提升服务的质量，自身的价值才能实现。

代表建议，领军型的大企业在转型的路上要主动去尝试、去探索、去总结，中小型企业要量力而行，力量还是要放在工程监理的主业上，首要目标是做强做精，做专做优，其次才是做大。对七部委正在进行的"挂证"专项清理整治行动，代表们建议，清理行动要关注现实中的实际情况，实事求是地加以区分，防止误打误伤。在改革政策上，希望上级的改革政策更明朗一些，预期更明确一些，不要让企业去猜。

对于困扰河南监理行业的扬尘治理问题，代表们认为，地方法规赋予监理扬尘治理的责任，监理认可并认真履职尽责。但将监理与生产经营主体列为同等责任，有失公平。协会和企业积极同地方政府和建设行政主管部门沟通，反映情况，建议修改评价计分办法。行业的反映和建议得到了政府有关部门的高度重视和善意的反馈。通过这次危机的处理，行业要深刻认识到只有抱团取暖，团结一心，以协会为纽带，才能维护行业的合法权益。

王学军在座谈中指出，行业整体上处于发展上升阶段，面临着工程建设组织模式、生产方式、咨询服务模式的变革，监理企业要适应形势，找准定位，做好应对。

制约行业发展的矛盾主要有责权利不对等以及服务的质量未能满足业主和政府的需求，引发这一矛盾有外部原因，也有内部原因。大家要去研究破解办法，决心解决这些顽疾，制约行业发展的这些不利因素会转化为有利因素，从而促进行业健康发展。

王学军指出，传统监理必须要借助科技才能满足业主对监理工作的新需求，监理企业要加强投入、研发或引入信息技术，使信息技术成为监理的有效手段，提高监理的科技含量。行业协会要与企业联手，采取教育培训、水平认定、知识竞赛、以老带新等不同层次、不同形式，加强监理从业人员的能力建设，不断提高从业人员的综合素养和信息化应用能力、科技监理能力，提高企业核心竞争力和诚信经营能力，以适应开展监理、项目管理和工程咨询工作的需要。

王学军希望河南省建设监理企业，立足自身特色和优势进行转型升级和创新发展，根据市场的选择和业主的需求，向施工阶段两头延伸业务，开展项目管理或全过程工程咨询服务，多创造好的经验，推动河南建设监理行业健康、高质量发展。

孙惠民在总结讲话中指出，河南建设监理行业十分感谢中国建设监理协会对河南建设监理事业的关心和帮助，在诚信自律、队伍建设、办会思路、发展方向等诸多方面给予了正确的指导，期望中国建设监理协会领导在新的形势下，继续帮助指导河南建设监理行业开拓奋进，取得新的成绩。

（耿春　提供）

## 宁波监理协会召开纪念工程监理行业发展 30 周年座谈会

2018 年 11 月 27 日，宁波市建设监理与招投标咨询行业协会组织部分会员单位负责人赴中国革命红船的起航地嘉兴开展党建活动，并于 28 日在嘉兴学院南湖干部学院召开纪念宁波市工程监理行业发展 30 周年座谈会。

具有特别意义的是，30 年前，也就是 1988 年 11 月 28 日，原建设部发文确定北京、上海、天津、南京、宁波、沈阳、哈尔滨、深圳 8 市和能源、交通两部为全国开展建设监理工作的试点单位，宁波市是 8 个试点城市之一。30 年后，在我国监理行业面临转型升级创新发展的机遇和挑战的关键时刻，宁波市建设监理与招投标咨询行业协会组织大家参观南湖革命红船纪念馆，深刻领会习总书记提出的"红船精神"内涵——开天辟地、敢为人先的首创精神，坚定理想、百折不挠的奋斗精神，立党为公、忠诚为民的奉献精神，更具现实意义。

座谈会上大家热烈发言，结合自己企业的发展经历，回顾过去 30 年宁波市监理行业走过的不平凡历程，讨论当前监理行业面临的机遇和挑战，展望未来监理行业发展方向，言语中表达了对监理事业的深厚感情和对监理行业持续健康发展的美好愿望。

协会常务副会长兼秘书长金凌在会议总结时说，30 年来，宁波监理人开拓创新、奋发图强，使宁波监理行业从无到有、从小到大、从弱到强，不断发展壮大，为保障全市工程质量安全发挥了不可替代的作用，也为宁波城乡建设和经济社会发展作出了重要贡献，成绩卓著。她希望全市监理企业要弘扬"红船精神"，坚定"四个自信"，即监理制度自信、监理工作自信、监理能力自信和监理发展自信；要继续承担起监理责任，做好监理本职工作，发挥质量安全监理作用，体现监理价值。最后她说，30 年是宁波监理行业发展的一个里程碑，也是新起点，在从新起点出发的时刻，我们来追寻当年在南湖红船上革命先辈的足迹，深刻领会"红船精神"的内涵，必将激励我们宁波监理人完成行业转型升级创新发展大业，走在时代发展前列，再创佳绩！

（宁波市建设监理与招投标咨询行业协会　提供）

# 住房城乡建设部办公厅等关于开展工程建设领域专业技术人员职业资格"挂证"等违法违规行为专项整治的通知

建办市〔2018〕57号

各省、自治区、直辖市、新疆生产建设兵团住房城乡建设、人力资源社会保障、交通运输、水利主管部门，省级通信管理局，各地区铁路监管局，民航管理局：

为遏制工程建设领域专业技术人员职业资格"挂证"现象，维护建筑市场秩序，促进建筑业持续健康发展，住房城乡建设部、人力资源社会保障部、工业和信息化部、交通运输部、水利部、铁路局、民航局决定开展工程建设领域专业技术人员职业资格"挂证"等违法违规行为专项整治（以下简称专项整治）。现将有关事项通知如下：

## 一、专项整治内容和目标

对工程建设领域勘察设计注册工程师、注册建筑师、建造师、监理工程师、造价工程师等专业技术人员及相关单位、人力资源服务机构进行全面排查，严肃查处持证人注册单位与实际工作单位不符、买卖租借（专业）资格（注册）证书等"挂证"违法违规行为，以及提供虚假就业信息、以职业介绍为名提供"挂证"信息服务等违法违规行为。通过专项整治，推动建立工程建设领域专业技术人员职业资格"挂证"等违法违规行为预防和监管长效机制。

## 二、工作安排

（一）自查自纠（2018年12月至2019年1月底）

地方各级住房城乡建设、人力资源社会保障、交通运输、水利、通信部门负责组织本行政区域内自查自纠工作，指导、督促本地区工程建设领域专业技术人员、相关单位、人力资源服务机构进行自查自纠。相关专业技术人员和单位应对照相关法律法规，对是否存在"挂证"等违法违规行为进行自查。存在相关问题的人员、单位，应及时办理注销手续。在自查自纠期间，对整改到位的，可视情况不再追究其相关责任。

各省级住房城乡建设部门会同人力资源社会保障、交通运输、水利、通信主管部门总结本地区自查自纠情况，并由省级住房城乡建设部门统一汇总形成自查自纠情况报告，于2019年2月20日前报住房城乡建设部，并抄送人力资源社会保障部、工业和信息化部、交通运输部、水利部、铁路局、民航局。

（二）全面排查（2019年2月至2019年6月底）

各省级住房城乡建设、人力资源社会保障、交通运输、水利、通信主管部门在自查自纠基础上组织开展全面排查。要结合参保缴费、人事档案等相关数据和信息，对工程建设领域专业技术人员进行全面比对排查，重点排查参保缴费单位与注册单位不一致情况；对排查出的问题要及时调查核实，对存在"挂证"等违法违规行为的，由发证机关依法依规从严处罚。人力资源社会保障部门要对人力资源服务机构违规发布虚假就业信息、以职业介绍为名提供"挂证"信息服务、扣押劳动者职业（专业）资格（注册）证书的行为进行全面排查，对存在违法违规行为的依法从严查处。

地方各级住房城乡建设、交通运输、水利、通信部门对排查中发现人员挂靠问题突出的单位，要依据有关法律法规，对其承建项目主要管理技术人员到岗履职情况进行全面排查，对存在违规行为的依法依规处理。要完善工程建设领域专业技术人员信息，利用建筑市场监管信息平台和相关信用信息平台数据进行比对，发现问题线索并及时查处。

各省级住房城乡建设、人力资源社会保障、交通运输、水利、通信主管部门总结本地区全面排查工作情况，并由省级住房城乡建设部门统一汇总形成专项整治全面排查工作总结，于2019年7月15日前报住房城乡建设部，并抄送人力资源社会保障部、工业和信息化部、交通运输部、水利部、铁路局、民航局。自2019年3月起，每月5日前省级住房城乡建设部门负责将上月查处的工程建设领域专业技术人员职业资格"挂证"等违法违规情况处理汇总表（见附件）报住房城乡建设部，并抄送人力资源社会保障部、工业和信息化部、交通运输部、水利部、铁路局、民航局。

（三）指导监督（2019年2月至2019年9月底）

住房城乡建设部、人力资源社会保障部、工业和信息化部、交通运输部、水利部、铁路局、民航局将加强各地专项整治工作开展情况的指导监督，对重点问题和典型案件挂牌督办；对工作开展不力的地区、部门及相关责任人进行约谈；情节严重的，提请有关部门对相关责任人进行问责。

## 三、工作要求

（一）强化组织实施。各省级住房城乡建设、人力资源社会保障、交通运输、水利、通信主管部门要高度重视专项整治工作，强化组织领导，加强沟通协调，明确任务分工，制定具体工作方案，落实责任部门和责任人，确保专项整治取

得实效；要积极会同公安、网监等主管部门，利用信息化及其他手段，加强对专业技术人员、相关单位、人力资源服务机构违法违规行为的排查力度。

（二）依法从严查处。地方各级住房城乡建设、人力资源社会保障、交通运输、水利、通信部门要遵循"全覆盖、零容忍、严执法、重实效"的原则，依法从严查处工程建设领域职业资格"挂证"等违法违规行为。对违规的专业技术人员撤销其注册许可，自撤销注册之日起3年内不得再次申请注册，记入不良行为记录并列入建筑市场主体"黑名单"，向社会公布；对违规使用"挂证"人员的单位予以通报，记入不良行为记录，并列入建筑市场主体"黑名单"，向社会公布；对违规的人力资源服务机构，要依法从严查处，限期责令整改，情节严重的，依法从严给予行政处罚，直至吊销人力资源服务许可证。对发现存在"挂证"等违规行为的国家机关和事业单位工作人员，通报其实际工作单位和有关国家监察机关。

各地专业技术人员职业资格注册管理部门在专项整治工作中要严肃工作纪律，严格遵守各项管理规定，及时快捷办理各项注销、注册等手续，确保整治期间各项注册工作有序进行。对于专业技术人员与用人单位没有劳动关系或已解除劳动关系，但因各种原因未办理注销注册的，专业技术人员职业资格注册管理部门可依据用人单位或个人申请及提交的与原用人单位解除劳动合同书面证明、劳动仲裁、司法判决等材料，直接办理注销手续。

涉及注册建筑师的具体工作，由省级住房城乡建设、人力资源社会保障部门指导本地区注册建筑师管理委员会，按照《中华人民共和国注册建筑师条例》和本通知要求进行。

（三）坚持源头治理。地方各级住房城乡建设、人力资源社会保障、交通运输、水利、通信部门要梳理与专业技术人员职业资格挂钩的有关措施和规定，没有法律法规依据的一律取消；要加强职业资格考试报名审核，杜绝不符合报考条件的人员参加工程建设领域各类职业资格考试；在考

试、注册审批时严格核查，对未尽到职责的单位和人员进行问责。地方各级住房城乡建设部门在办理除资质许可外的相关行政许可审批时，不得将工程建设领域专业技术人员职业资格作为审批条件。

（四）强化信息公开。地方各级住房城乡建设、人力资源社会保障等部门应公布投诉举报电话和信箱，并向社会公布，对投诉举报事项要逐一登记，认真查处；要充分发挥建筑市场监管信息平台和相关信用信息平台作用，对被查处的违法行为单位和人员，在平台中记录其不良行为，并向社会公布，形成失信惩戒和社会监督机制。

（五）加强舆论引导。地方各级住房城乡建设、人力资源社会保障等部门要通过各种途径加强教育引导和宣传，充分运用典型案例进行警示教育，提高专业技术人员、有关单位、人力资源服务机构对"挂证"等违法违规行为危害性的认知，增强行业自觉抵制"挂证"等违法违规行为意识，有效发挥专项整治的最大成效。

（六）建立长效预防机制。地方各级住房城乡建设、人力资源社会保障、交通运输、水利、通信部门对专项整治工作要进行全面分析总结，认真梳理分析整治过程中发现的问题，充分总结经验，结合地区行业实际，鼓励相关单位建立可持续的人才培养与梯队建设机制，形成预防、查处和监管的长效机制。

附件：工程建设领域专业技术人员职业资格"挂证"等违法违规情况处理汇总表（略）

中华人民共和国住房和城乡建设部办公厅
中华人民共和国人力资源和社会保障部办公厅
中华人民共和国工业和信息化部办公厅
中华人民共和国交通运输部办公厅
中华人民共和国水利部办公厅
国家铁路局综合司
中国民用航空局综合司
2018 年 11 月 22 日

（此件主动公开）

# 2018年11月开始实施的工程建设标准

| 序号 | 标准编号 | 标准名称 | 发布日期 | 实施日期 |
|---|---|---|---|---|
| 国家标准 | | | | |
| 1 | GB 51282-2018 | 煤炭工业露天矿矿山运输工程设计标准 | 2018/3/16 | 2018/11/1 |
| 2 | GB/T 50398-2018 | 无缝钢管工程设计标准 | 2018/3/16 | 2018/11/1 |
| 3 | GB 51291-2018 | 共烧陶瓷混合电路基板厂设计标准 | 2018/3/16 | 2018/11/1 |
| 4 | GB/T 51292-2018 | 无线通信室内覆盖系统工程技术标准 | 2018/3/16 | 2018/11/1 |
| 5 | GB 50288-2018 | 灌溉与排水工程设计标准 | 2018/3/16 | 2018/11/1 |
| 6 | GB 51287-2018 | 煤炭工业露天矿土地复垦工程设计标准 | 2018/3/16 | 2018/11/1 |
| 7 | GB/T 50643-2018 | 城市轨道交通信号工程施工质量验收标准 | 2018/3/16 | 2018/11/1 |

| 序号 | 标准编号 | 标准名称 | 发布日期 | 实施日期 |
| --- | --- | --- | --- | --- |
| 8 | GB 51276-2018 | 煤炭企业总图运输设计标准 | 2018/3/16 | 2018/11/1 |
| 9 | GB 51247-2018 | 水工建筑物抗震设计标准 | 2018/3/16 | 2018/11/1 |
| 10 | GB/T 50643-2018 | 橡胶工厂职业安全卫生设计标准 | 2018/3/16 | 2018/11/1 |
| 11 | GB/T 50551-2018 | 球团机械设备工程安装及质量验收标准 | 2018/3/16 | 2018/11/1 |
| 12 | GB/T 50363-2018 | 节水灌溉工程技术标准 | 2018/3/16 | 2018/11/1 |
| 行业标准 | | | | |
| 1 | JGJ/T 435-2018 | 施工现场模块化设施技术标准 | 2018/3/19 | 2018/11/1 |
| 2 | JGJ 158-2018 | 蓄能空调工程技术标准 | 2018/3/19 | 2018/11/1 |
| 3 | JGJ/T 422-2018 | 既有建筑地基基础检测技术标准 | 2018/3/19 | 2018/11/1 |
| 4 | JGJ/T 135-2018 | 载体桩技术标准 | 2018/3/19 | 2018/11/1 |
| 5 | JGJ/T 433-2018 | 公共租赁住房运行管理标准 | 2018/3/19 | 2018/11/1 |
| 6 | JGJ/T 396-2018 | 咬合式排桩技术标准 | 2018/3/19 | 2018/11/1 |
| 7 | CJJ/T 275-2018 | 市政工程施工安全检查标准 | 2018/3/19 | 2018/11/1 |
| 产品标准 | | | | |
| 1 | JG/T 551-2018 | 固定活塞薄壁取土器 | 2018/4/3 | 2018/11/1 |
| 2 | JG/T 549-2018 | 敞口薄壁取土器 | 2018/4/3 | 2018/11/1 |
| 3 | JG/T 534-2018 | 建筑用相变材料热可靠性测试方法 | 2018/4/3 | 2018/11/1 |
| 4 | JG/T 542-2018 | 建筑室内装修用环氧接缝胶 | 2018/4/3 | 2018/11/1 |
| 5 | CJ/T 264-2018 | 水处理用橡胶膜微孔曝气器 | 2018/4/3 | 2018/11/1 |
| 6 | CJ/T 263-2018 | 水处理用刚玉微孔曝气器 | 2018/4/3 | 2018/11/1 |
| 7 | CJ/T 521-2018 | 生活热水水质标准 | 2018/4/3 | 2018/11/1 |
| 8 | CJ/T 528-2018 | 游泳池除湿热回收热泵 | 2018/4/3 | 2018/11/1 |
| 9 | JG/T 532-2018 | 建筑用表面玻璃化膨胀珍珠岩保温板 | 2018/3/20 | 2018/11/1 |
| 10 | JG/T 196-2018 | 钢板桩 | 2018/3/20 | 2018/11/1 |
| 11 | CJ/T 294-2018 | 转碟曝气机 | 2018/3/20 | 2018/11/1 |
| 12 | CJ/T 513-2018 | 城镇燃气设备材料分类与编码 | 2018/3/20 | 2018/11/1 |
| 13 | JG/T 533-2018 | 厨卫装配式墙板技术要求 | 2018/3/20 | 2018/11/1 |
| 14 | CJ/T 522-2018 | 污水处理用沉淀池行车式吸砂机 | 2018/3/20 | 2018/11/1 |

# 2018年12月开始实施的工程建设标准

| 序号 | 标准编号 | 标准名称 | 发布日期 | 实施日期 |
| --- | --- | --- | --- | --- |
| 国家标准 | | | | |
| 1 | GB/T 51295-2018 | 钢围堰工程技术标准 | 2018/4/25 | 2018/12/1 |
| 2 | GB/T 50546-2018 | 城市轨道交通线网规划标准 | 2018/4/25 | 2018/12/1 |
| 3 | GB 50496-2018 | 大体积混凝土施工标准 | 2018/4/25 | 2018/12/1 |
| 4 | GB/T 50381-2018 | 城市轨道交通自动售检票系统工程质量验收标准 | 2018/4/25 | 2018/12/1 |
| 5 | GB 51289-2018 | 煤炭工业露天矿边坡工程设计标准 | 2018/5/14 | 2018/12/1 |
| 6 | GB 51298-2018 | 地铁设计防火标准 | 2018/5/14 | 2018/12/1 |
| 7 | GB/T 51300-2018 | 非煤矿山井巷工程施工组织设计标准 | 2018/5/14 | 2018/12/1 |

续表

| 序号 | 标准编号 | 标准名称 | 发布日期 | 实施日期 |
|------|----------|----------|----------|----------|
| 8 | GB 51299-2018 | 铋冶炼厂工艺设计标准 | 2018/5/14 | 2018/12/1 |
| 9 | GB 50421-2018 | 有色金属矿山排土场设计标准 | 2018/5/14 | 2018/12/1 |
| 10 | GB/T 51288-2018 | 矿山斜井冻结法施工及质量验收标准 | 2018/5/14 | 2018/12/1 |
| 11 | GB 50348-2018 | 安全防范工程技术标准 | 2018/5/14 | 2018/12/1 |
| 12 | GB/T 50130-2018 | 混凝土升板结构技术标准 | 2018/7/10 | 2018/12/1 |
| 13 | GB/T 51307-2018 | 塔式太阳能光热发电站设计标准 | 2018/7/10 | 2018/12/1 |
| 14 | GB 50180-2018 | 城市居住区规划设计标准 | 2018/7/10 | 2018/12/1 |
| 15 | GB/T 51312-2018 | 船舶液化天然气加注站设计标准 | 2018/7/10 | 2018/12/1 |
| 16 | GB/T 51305-2018 | 码头船舶岸电设施工程技术标准 | 2018/7/10 | 2018/12/1 |
| 17 | GB/T 50379-2018 | 工程建设勘察企业质量管理标准 | 2018/7/10 | 2018/12/1 |
| 18 | GB 50364-2018 | 民用建筑太阳能热水系统应用技术标准 | 2018/7/10 | 2018/12/1 |
| 19 | GB/T 50361-2018 | 木骨架组合墙体技术标准 | 2018/7/10 | 2018/12/1 |
| 20 | GB 50336-2018 | 建筑中水设计标准 | 2018/7/10 | 2018/12/1 |
| 21 | GB/T 50299-2018 | 地下铁道工程施工质量验收标准 | 2018/7/10 | 2018/12/1 |
| 22 | GB/T 51294-2018 | 风景名胜区详细规划标准 | 2018/7/10 | 2018/12/1 |
| 23 | GB/T 51310-2018 | 地下铁道工程施工标准 | 2018/7/10 | 2018/12/1 |
| 行业标准 | | | | |
| 1 | JGJ/T 449-2018 | 民用建筑绿色性能计算标准 | 2018/5/28 | 2018/12/1 |
| 2 | CJJ/T 286-2018 | 土壤固化剂应用技术标准 | 2018/5/28 | 2018/12/1 |
| 3 | JGJ/T 452-2018 | 建材及装饰材料经营场馆建筑设计标准 | 2018/5/28 | 2018/12/1 |
| 产品标准 | | | | |
| 1 | CJ/T 141-2018 | 城镇供水水质标准检验方法 | 2018/6/12 | 2018/12/1 |
| 2 | CJ/T 51-2018 | 城镇污水水质标准检验方法 | 2018/6/12 | 2018/12/1 |
| 3 | JG/T 24-2018 | 合成树脂乳液砂壁状建筑涂料 | 2018/6/12 | 2018/12/1 |
| 4 | CJ/T 227-2018 | 有机垃圾生物处理机 | 2018/6/12 | 2018/12/1 |
| 5 | CJ/T 514-2018 | 燃气输送用金属阀门 | 2018/6/12 | 2018/12/1 |
| 6 | CJ/T 186-2018 | 地漏 | 2018/6/12 | 2018/12/1 |
| 7 | CJ/T 530-2018 | 饮用水处理用浸没式中空纤维超滤膜组件及装置 | 2018/6/12 | 2018/12/1 |
| 8 | CJ/T 199-2018 | 燃烧器具用给排气管 | 2018/6/12 | 2018/12/1 |
| 9 | CJ/T 515-2018 | 燃气锅炉烟气冷凝热能回收装置 | 2018/5/30 | 2018/12/1 |
| 10 | JG/T 519-2018 | 建筑用热流计 | 2018/5/30 | 2018/12/1 |
| 11 | JG/T 143-2018 | 铝制柱翼型散热器 | 2018/5/30 | 2018/12/1 |
| 12 | JG/T 529-2018 | 空调末端冷热水分配及柔性多联装置 | 2018/5/30 | 2018/12/1 |
| 13 | JG/T 538-2018 | 建筑用碳纤维发热线 | 2018/5/30 | 2018/12/1 |
| 14 | JG/T 2-2018 | 钢制板型散热器 | 2018/5/30 | 2018/12/1 |
| 15 | JG/T 148-2018 | 钢管散热器 | 2018/5/30 | 2018/12/1 |
| 16 | JG/T 559-2018 | 建筑用免烧釉面装饰板 | 2018/6/26 | 2018/12/1 |
| 17 | CJ/T 532-2018 | 城市户外广告设施巡检监管信息系统 | 2018/6/26 | 2018/12/1 |
| 18 | JG/T 194-2018 | 住宅厨房和卫生间排烟（气）道制品 | 2018/6/26 | 2018/12/1 |
| 19 | JG/T 558-2018 | 楼梯栏杆及扶手 | 2018/6/26 | 2018/12/1 |
| 20 | JG/T 274-2018 | 建筑遮阳通用技术要求 | 2018/6/26 | 2018/12/1 |
| 21 | JG/T 118-2018 | 建筑隔震橡胶支座 | 2018/6/26 | 2018/12/1 |
| 22 | JG/T 231-2018 | 建筑玻璃采光顶技术要求 | 2018/6/26 | 2018/12/1 |
| 23 | JG/T 562-2018 | 预制混凝土楼梯 | 2018/6/26 | 2018/12/1 |

（冷一楠　收集）

# 聚焦工程监理行业创新发展
# 30周年经验交流会

2018年10月30日，由中国建设监理协会主办的工程监理行业创新发展30周年经验交流会在北京新疆大厦顺利召开。此次会议受到住房城乡建设部领导和有关部门的关心和重视，住房城乡建设部原副部长郭允冲到会并讲话，从五个方面肯定了监理发展和作用发挥，同时对监理行业健康发展提出殷切希望。住房城乡建设部建筑市场监管司建设咨询监理处处长贾朝杰、中国建筑业协会副会长吴慧娟、中国勘察设计协会副秘书长汪祖进、中国建设工程造价管理协会副秘书长张兴旺等领导出席会议。中国建筑业协会及其他共6家行业、地方协会和中共建设行业社团第一委员会为大会发来贺信。会议分别由中国建设监理协会副会长兼秘书长王学军和副秘书长温健主持。各省、自治区和直辖市等地方行业协会领导和企业代表300余人参加会议。

会上，中国建设监理协会会长王早生作了《沐风栉雨三十载，昂首阔步再起航，全力推进工程监理行业转型升级创新发展》的报告。

北京市建设监理协会会长李伟、重庆联盛项目管理有限公司总经理雷冬菁、武汉建设监理与咨询行业协会会长汪成庆、中国建设监理协会水电建设监理分会会长陈东平分别代表团体会员、单位会员、个人会员和分会作了发言，分享了监理行业发展的成就和艰辛，回顾了监理行业发展历程和成功经验，对行业未来发展充满信心和激情。

同济大学工程管理研究所名誉所长丁士昭教授、中国建设监理协会专家委员会副主任修璐、北京交通大学刘伊生教授、上海市建设工程监理咨询有限公司董事长龚花强、浙江江南工程管理股份有限公司董事长李建军等行业专家从不同角度探讨和分享经验，让与会代表更加清楚地看到行业发展的方向、面临的机遇与挑战，对企业和行业的健康发展起到推动和促进作用。

最后，王学军副会长兼秘书长作会议总结。

# 改革创新、锐意进取，开创工程监理行业的新征程

——住房城乡建设部原副部长郭允冲在工程监理行业创新发展 30 周年经验交流会上的讲话

同志们、朋友们：

工程监理行业创新发展 30 周年经验交流会今天在北京召开，作为住房城乡建设部的老领导和中国建设监理协会的上任会长，我向会议的召开表示祝贺，向与会代表和全国百万监理工作者表示衷心的感谢！感谢你们为国家经济建设作出的突出贡献，祝贺工程监理行业创新发展 30 年取得的优异成绩。

今年是国家隆重庆祝改革开放 40 年，也是工程监理行业创新发展 30 年，工程监理行业十分有必要全面回顾总结取得的成就、经验，分析工程监理工作面临的形势和存在的问题，研究监理工作的改革措施和发展方向，推进工程监理行业持续健康发展。

30 年来，我国工程监理工作的发展，一直得到党和国家领导人的高度重视，国务院领导同志曾多次发表重要讲话，强调实施工程监理制度的重要性。回顾 30 年来工程监理走过的不平凡历程，广大监理工作者付出了辛勤的劳动，取得了显著成绩，我认为主要有以下五方面的经验：一是工程监理法规体系的建立和完善，保证了工程监理工作有法可依、有章可循；二是各级政府主管部门大力推行工程监理制度，加强市场监管，加快了工程监理的健康有序发展；三是工程监理企业和行业协会加强监理人员的培训教育，促进了监理队伍素质的不断提升；四是监理协会等行业组织积极发挥中介服务作用，促进了工程监理服务水平的不断提高；五是高等院校、科研机构和专家学者，积极研究探索

工程监理理论，有效地引导了工程监理实践工作。

同志们，工程建设的实践证明：工程监理工作在我国工程建设中发挥了重要作用，赢得了社会的广泛认同。习主席刚刚宣布通车的港珠澳大桥，正是由于实行了严格的监理制度，工程质量创世界一流。2010 年的全国监理工作会议上，我对当时的监理工作进行了总结，对监理工作做得好的企业进行表扬，比如华铁监理公司在宜万铁路齐岳山隧道监理工作中总监坚持程序严格把关，保证了铁路工程建设的质量，避免了重大安全生产事故。同时，也对不负责任造成重大事故的监理企业进行了通报批评。

工程监理制度的推行，对控制工程质量、投资、进度发挥了重要作用，取得了明显效果，促进了我国工程建设管理水平的提高，进一步完善了我国工程建设管理体制，工程监理制与建设项目法人责任制、招标投标制、合同管理制共同组成了我国工程建设的基本管理体制，适应了我国社会主义市场经济条件下工程建设管理的需要。

同志们，在回顾 30 年工程监理发展历程、总结工程监理经验的同时，还应该清醒地看到当前工程监理面临的机遇和挑战，重视工作中存在的突出问题，更好地把握机遇，应对挑战，促进工程监理工作的健康发展。

进入新时代，开创新征程，工程监理行业要以习近平新时代中国特色社会主义思想为指导，全面贯彻党的"十九大"精神，落实党中央国务院的部署，求真务实，改革创新，健全工程监理法规，创新政府监管机制，建立规范的监理市场秩序，全面提高工程监理行业的整体素质和企业竞争实力，建立和完善适应市场经济发展和与国际惯例接轨的现代工程咨询服务市场体系，要充分发挥工程监理在工程建设中的重要作用，努力开创我国工程监理工作的新局面。

预祝会议取得圆满成功！谢谢大家！

# 沐风栉雨三十载，昂首阔步再起航
# 全力推进工程监理行业转型升级创新发展
### ——在工程监理行业创新发展 30 周年经验交流会上的报告

**王早生**
中国建设监理协会会长

今天，中国建设监理协会在这里隆重召开工程监理行业创新发展 30 周年经验交流会，全面总结工程监理行业发展的成就，交流工程监理行业转型升级创新发展的经验。我代表中国建设监理协会向大家的光临表示热烈欢迎和衷心感谢！

今年是不平凡的一年。在喜迎我国改革开放 40 周年之际，我们也迎来了建设工程监理制度实施 30 周年。历时 30 年的探索实践，工程监理行业取得了令人瞩目的成就。工程监理制度在我国波澜壮阔的建设事业中发挥了不可替代的作用，为保证建设项目的工程质量和安全生产、守护人民群众生命和国家财产安全、护航社会稳定和经济发展作出了重要贡献。在此，我们要对 30 年来一直大力支持工程监理事业的各级政府、各位领导、各位专家和各行业同仁表示衷心感谢！对为工程监理行业发展作出贡献的地方协会、行业协会、监理企业和全国一百万监理人员致以崇高敬意！

## 一、风雨兼程三十载，砥砺奋进结硕果

从 20 世纪 80 年代我国开展工程监理试点工作至今，工程监理行业走过了不平凡的 30 年。经过 30 年的磨炼洗礼，工程监理制度已成为我国建设领域中的一项重要制度，工程监理行业已成为我国建设领域的一个重要行业，为社会经济的快速发展作出了积极贡献。回顾工程监理的 30 年历程，工程监理在控制工程质量、投资和进度方面取得了显著的成效，提高了我国工程建设管理水平，赢得了社会的认可。特别是在以下 5 个方面取得了突出的成就和进展。

第一，推动了建设工程项目管理体制改革。工程监理制度的建立和实施，适应了我国社会主义市场经济条件下工程建设管理的需要，推动了工程建设组织实施方式的社会化、市场化、专业化发展，建立了工程建设各方主体之间相互协作、相互制约、相互促进的工程建设管理运行机制，促进了我国工程建设管理体制的进一步完善，为工程质量安全提供了重要保障，促进了工程建设管理水平和投资效益的提高。通过政府、行业协会、监理企业及员工、业主及社会各界的共同努力，我国在推进项目建设管理模式改革方面取得了重大突破和进展。

第二，建立了建设工程监理制度法律法规体系。建立健全工程监理的法律法规，是推行工程监理制度的重要保证。《建筑法》明确我国推行建设工程监理制度，《合同法》《招标投标法》等法律进一步明确了建设工程监理的法律地位，使得建设工程监理走上了法制化轨道。《建设工程质量管理条例》《建设工程安全生产管理条例》明确了工程监理单位在质量、安全生产管理方面的法律责任和义务。工程监理企业资质管理和注册监理工程师管理的规定为规范工程监理企业行为和注册监理工程师的权利、义务提供了制度保障。《建设工程监理规范》是我国工程建设领域第一部管理型规范，明确了中国特色建设监理制度的基本要求，为建设工程监理工作提供了权威性的指导。建设工程监理正在逐步形成法律法规体系，为工程监理行业的健康持续发展提供法治保障。

第三，培育了百万人的工程监理队伍。30年来，随着我国经济社会的发展，工程监理行业从无到有，快速发展，队伍不断壮大。根据工程监理数据统计，从2005年到2017年底，工程监理从业人员由433193人发展到1071780人，年均增长率7.84%；工程监理企业全年营业收入由279.67亿元增长到3281.72亿元，年均增长率22.78%；工程监理收入由192.84亿元增长到1185.35亿元，年均增长率16.34%。有174家监理企业的监理年收入超过1亿元。我国的工程监理行业已发展到了八千家监理企业、一百万人的监理队伍、实现年收入超三千亿元的行业，涵盖了房屋建筑、市政公用、电力、石油化工、铁路、民航等14个专业类别，是工程建设中一支不可或缺的综合性的专业管理队伍。无论是在三峡工程、青藏铁路、西气东输、西电东送、南水北调、京沪高铁、港珠澳大桥等国家重点建设项目上，还是在遍布全国城乡的难以计数的众多民生工程中，无不凝聚了监理人的心血和汗水。

第四，加强了建设工程质量和安全生产管理。30年来，工程监理在我国的工程建设质量安全方面发挥了突出的作用。象征国家工程建设质量最高荣誉的"鲁班奖"和"詹天佑奖"，都有监理人员以认真负责的服务参与其中，作出贡献。工程监理作为一支专业化的队伍，为我国的工程建设在质量安全方面提供了重要保障。例如，在5.12汶川8级强震中，由四川电力工程建设监理有限责任公司在什邡、彭州、都江堰等重灾区负责监理的59所中小学无一垮塌，经受住了强震考验。宜万铁路齐岳山隧道属于I级高风险隧道，地质条件异常复杂，被国内外专家称为世界级难题。在监理的有效管控下，在7年施工过程中虽然遭遇了18次较大突泥突水，但未出现一起安全事故，创造了长大复杂富水岩溶隧道工程建设的奇迹。

第五，创新服务和发展模式赢得市场需求。30年来，工程监理企业作为专业化的服务机构，受建设单位委托，以自身的专业知识和工程实践经验，为建设单位提供有效的咨询管理服务。一些监理企业还不断适应市场需求，积极拓展服务功能，发展成为能为建设单位提供全过程工程咨询服务的项目管理企业。工程监理企业的监理业务收入占总业务收入比例由2008年的50.62%降为2017年的36.12%，工程勘察设计、项目管理与咨询服务、工程招标代理、工程造价咨询等其他业务的收入比例在逐年上升。工程监理服务范围的拓展必然促进行业的发展，呈现出丰富多样的监理服务模式。例如，北京、吉林、四川的监理协会受政府委派，组织行业专家到项目进行执法检查，有效排查在建项目存在的重大质量安全隐患。山东省、重庆市大渡口区的政府购买监理服务，政府与工程监理企业签订购买服务协议，由监理对在建项目进行现场质量安全巡查，对发现的质量安全隐患及时向政府报告，提出整改要求，保障了工程项目的质量安全。

## 二、把握机遇迎挑战，开启行业新征程

党的"十九大"报告指出，中国特色社会主义进入了新时代，中国经济发展也进入了新时代，中国经济已由高速增长阶段转向高质量发展阶段。随着建筑领域改革进入"深水区"，建设监理行业

改革也迎来了新的发展契机。

工程监理服务水平决定了工程监理行业的未来，监理工作质量是赢得市场和未来的关键。我们要不忘初心，全力做好建设工程质量安全工作，成为工程质量安全不可或缺的"保障网"和提高工程建设水平、投资效益的"助力器"，不辜负国家、社会和人民群众的期望，真正成为工程建设高质量发展的"守护者"；要坚持确保工程质量安全不动摇，成为名副其实的"工程卫士"，充分认识质量安全是国家、社会和人民群众对监理的首要期待。同时，我们要抓住转型升级的机遇，主动顺应形势变化，积极响应市场需求，扬长补短、迎难而上，拓展服务领域，打通业务链条，搭建工作平台，努力为社会和业主提供全过程工程咨询服务，在广度和深度两个维度上发掘潜能，更加充分地体现监理的价值。展望监理未来的发展，我们既要仰望星空，更要脚踏实地，重点做好以下 6 个方面的工作：

第一，加快推进行业诚信体系建设，以优质服务赢得信任。人无信不立，企无信不兴。企业只有严格遵守国家规定和合同约定，认真履职，才能优质优价、良性循环，得到更好的发展机会。实践证明，不能片面降低监理的成本费用，监理企业也不能一味低价竞争，否则就会陷于恶性循环。只有秉持责权利对等的理念，在提供高质量监理服务的同时，收取合理的报酬，以诚信服务赢得价格，赢得市场，才是市场经济条件下监理的长久发展之路。

要加快市场主体信用信息平台建设，完善市场主体信用信息记录，建立信用信息档案和交换共享机制；积极推动地方、行业信息系统建设及互联互通，构建市场主体信息公示系统，实行信息公开，及时向社会公布工程建设过程监管、执法处罚等信息。探索制定工程监理企业、监理人员信用管理办法，推进监理行业诚信体系建设，全面提高工程监理企业和监理人员的诚信意识，逐步建立"守信激励、失信惩戒"的建筑市场信用环境，提高监理行业的社会公信力。

第二，打造学习型组织，培养综合型人才。监理工作涉及面广，协调性强，对从业人员的要求高。既要懂技术，又要会管理，还要讲效益。因此，监理行业的队伍建设和人才培养极其重要。目前，监理企业仍然存在创新动力不足、复合型高端人才匮乏等问题。我们应正视问题，以问题为导向，通过引进和培养人才，不断加强学习，打造学习型组织，进一步提升监理服务能力，拓展监理业务范围。

监理企业要充分考虑人员结构的合理性，并为人才的良性发展提供平台，建立机制。有计划、有步骤地引进人才，培养一批企业骨干队伍。监理企业还要不断加强培训，学习法律法规和国家政策。加快信息技术的研发和技术装备的应用，如BIM、互联网+、人工智能等方面的信息化技术和技术装备在工程建设项目管理中的应用，推动企业技术创新、服务创新，提升企业的科技创新能力。有条件的监理企业还可开展多种形式的国际交流与合作，借鉴国外先进的管理理念，不断提升服务水平和能力。

第三，完善法律法规和标准体系，推进工程监理法制化、标准化建设。针对工程监理行业面临的突出问题以及新时代建设行业改革与发展要求，当前需要通过完善法规以及进一步细化工程监理标准等工作，推进工程监理的法制化、标准化建设，从而引导整个工程监理制度的改革与发展。对于招投标中的行业壁垒、地方保护、恶意压价等问题，除从法律层面建立一套较为科学、完善的监管制度外，还可以通过制定标准化示范文本的方式，引导和规范招投标活动中各方的行为，与监管制度一起共同构筑全国统一开放、竞争有序的监理市场。在标准化建设方面，不仅是政府和行业团体需要组织实施，企业也需要积极探索，在实践中总结积累经验，为标准的制定提供可支撑的实践依据。行业协会和企业要做好团体标准和企业标准建设，不断完善标准体系，共同推进工程监理标准化建设，并以标准来引领和促进监理行业的科学化、规范化和高质量发展。

第四，创新工程管理机制，落实工程监理职责。监理单位应诚信守法，严格履行合同义务，行使法律法规、合同授予的权力，加强队伍建设，提高综合素质，建立健全工程质量和安全生产监督管理体系，提升监理工作水平。加强对现场项目监理机构的工作监督检查与指导，促使企业合理配备相应的工程监理人员，保证专业配套、人员到位，切实履行工程监理职责。为强化监理工程师个人执业资格管理，落实质量终身责任制，转移监理职业责任风险，研究建立和推动注册监理工程师职业责任险制度。

第五，鼓励监理企业拓展政府监管部门购买现场监督检查等专项服务。监理企业应积极拓展监理业务范围，代表政府监管部门履行现场监督检查工作等专项服务，即接受政府监管部门委托对工程建设过程实施监督检查，确保工程质量符合有关标准。通过工程监理单位的服务可加强政府的监督检查力度，解决政府监管人员不足的问题。同时，可加强政府监管部门对工程建设过程以及各方参建主体资格的监督检查，进一步保证工程质量。

第六，发展全过程工程咨询，提升企业的核心竞争力。全过程工程咨询是国际通行的工程建设模式，代表了工程咨询重要的发展趋势。有条件的监理单位应在立足施工阶段监理的基础上，向上下游拓展服务领域，为业主提供覆盖工程项目建设全过程的项目管理服务以及包括前期咨询、招标代理、造价咨询、现场监督等多元化的"菜单式"工程咨询服务。企业还可通过兼并重组等方式提高企业整体能力和水平，同时，还要以"一带一路"倡议为契机，主动参与国际市场，提升企业的核心竞争力。

40年的改革开放为中国带来了翻天覆地的变化，中国将进一步深化改革扩大开放，我们也将投身于更加宏伟的新时代建设事业，助力中国工程建设的高质量发展。作为监理人，我们要不忘初心，牢记使命，砥砺前行，忠实履行职责使命，对国家、对社会、对人民负责，不辜负国家和人民群众的期望！沧海横流，方显英雄本色；青山矗立，不坠凌云之志。我们要锐意改革、勇于创新，持之以恒、久久为功，奋力开创监理事业新局面，为实现中华民族伟大复兴的中国梦作出监理人的新贡献！

# 在工程监理行业创新发展30周年经验交流会上的总结发言

王学军

中国建设监理协会副会长兼秘书长

各位领导、各位代表、同志们：

工程监理行业创新发展30周年经验交流会即将结束。此次会议受到住房城乡建设部领导和有关部门的关心和重视，住建部建筑市场监管司建设咨询监理处处长贾朝杰参加会议指导工作，住建部原副部长郭允冲同志到会并讲话，从5个方面肯定了监理的发展和作用的发挥，同时为监理行业健康发展提出了殷切的希望。王早生会长作"沐风栉雨三十载，昂首阔步再起航，全力推进工程监理行业转型升级创新发展"报告，回顾了行业发展30年历程和从5个方面取得的丰硕成果，对监理行业发展提出了6个方面的要求，我们要结合实际积极践行，推动行业健康发展。

为祝贺工程监理行业创新发展30周年经验交流会的召开，中国建筑业协会及其他6家协会和中共建设行业社团第一委员会为大会发来了贺信。

这次大会，通报了参建2016~2017年度鲁班奖项目（含境外工程）和第十五届詹天佑奖项目参建监理企业及总监理工程师名单，通报了监理行业课题成果和创新论文名单，展示了各地区、有关行业30年来取得的监理成果。同时

召开的中国建设监理协会第六届二次会员代表大会，审议通过了常务理事变更事项和增加理事人选议案。无记名投票通过了会费调整方案和章程修改议案。

会上，北京市建设监理协会会长李伟、重庆联盛项目管理有限公司总经理雷冬菁、武汉建设监理与咨询行业协会会长汪成庆、中国建设监理协会水电监理分会会长陈东平分别代表团体会员、单位会员、个人会员和分会作了发言，与大家共同分享了监理行业发展的成就和艰辛，回顾了监理行业发展的历程和成功的经验，对未来发展充满信心和激情。同济大学工程管理研究所名誉所长丁士昭教授、北京交通大学刘伊生教授、协会专家委员会修璐副主任、上海市建设工程监理咨询有限公司龚花强董事长、浙江江南工程管理股份有限公司李建军董事长分别就工程监理转型升级、监理行业发展、监理工作标准体系建设、外资企业管理理念、企业核心能力建设为主题作了专题讲座，让我们更加清楚地看到行业发展的方向和面临的机遇与挑战，相信大家一定会有不同程度的收获，对企业和行业发展会起到较好地促进作用。至此，大会既定议程已完成，应当说开得很成功、很圆满。我谨代表协会秘书处对与会的各位专家、领导、与会代表以及辛勤筹备此次大会的工作人员表示最诚挚的感谢！

30年来，行业组织、监理企业以及监理从业人员高度关注行业的稳定发展，时刻关注政策制度的变化，密切注意行业和企业的发展方向。各地、各行业协会积极建言献策，努力搭建政府与企业沟通的桥梁，促进行业稳步向前发展。

从近些年统计的情况来看，企业数量、人员数量、合同额、营业收入每年都在不同程度地增长，说明监理行业还处在稳定发展阶段。

为纪念行业发展30周年，各地、各行业协会、监理企业积极举办多种形式的纪念活动，浙江省协会组织拍摄微电影，北京、武汉监理协会分别开展规范标准、质量安全知识竞赛，武汉监理协会组织的质量安全知识竞赛有上万人参加。河南省监理协会召开行业运动会，以这种形式纪念监理30年。机械、化工分会召开了监理30周年研讨会，湖南建设监理协会近期将召开纪念监理30周年相关交流会。通过各种纪念研讨活动，弘扬正能量，积聚创新发展动力，激励监理人自强不息、求真务实的精神。各地行业协会利用监理30年契机，加强行业宣传，开展各种形式的纪念活动，扩大行业影响。

30年的征途，监理人不辞辛苦、风雨无阻、不懈努力、任劳任怨，为保障工程质量安全作出了积极贡献，为提高投资效益建立了不朽功勋，可谓成绩丰硕、业绩辉煌。这些成就属于在座各位以及所有没到场的监理人，在这里，我们应当为所有的监理人鼓掌。

但是我们也要看到，我国正处在优化经济结构、转变发展方式、转换增长动能的攻关期，监理行业也要适应当前改革发展形势，乘势而上，再创辉煌。借这个机会，我就王早生会长提出的6个方面的要求促进工程监理行业健康发展提几点建议，供大家参考：

## （一）坚定自信、认清形势，明确发展方向

监理制度实施30年来，在我国工程项目建设、保障工程质量安全中发挥了重要作用。目前，国家还处在快速工程建设，法制不健全、社会诚信意识不强的时期，监理毋庸置疑是保障工程质量安全的一支主力军。我们要坚定"四个自信"，即监理制度自信、监理工作自信、监理能力自信和监理

发展自信。这"四个自信"蕴含着我们对行业存在和发展的信念，有了自信就有了前进的勇气，有了自信就有了发展的决心和动力。

我们所处的时代是一个改革的时代，创新成为促进经济和社会发展的动力，认清行业发展形势才能沉着应对、顺势而为、借势发展。在认识建筑业改革发展大环境的同时，我们也要看清监理行业正在经历的5个转变：政府对监理的管理正在从宏观向微观转变；监理的服务方式正在从原始服务方式向监理+信息化方式转变；监理获取市场资源正在从依靠政府和人际关系向依靠市场、能力和信誉转变；计费方式正在从按费率取费向按人工取费转变；有能力的监理企业经营范围正在向项目管理或全过程工程咨询服务转变。监理企业服务要顺应供给侧结构改革形势，加快转型升级步伐，转型表现在有能力的监理企业开展项目管理或全过程工程咨询，从松散型联系向紧密型管理转变，升级表现为监理服务科技含量增加、质量提高，如BIM、无人机和3D扫描仪等先进设备在监理和项目管理中的应用。

## （二）强化职责、落实责任，主动担当作为

质量安全是永恒的话题。党和国家一直高度重视工程质量安全。建设主管部门积极开展工程质量治理三年提升行动和监理单位向政府主管部门报告工程质量监理情况试点工作，下发项目总监理工程师质量安全6项规定，建立市场监管与诚信体系建设"四库一平台"，其目的都是为了保障工程质量安全。我们要牢牢把握保障工程质量安全是监理工作的出发点和落脚点。在工程建设过程中，我们要落实好合同约定的责任、监理主体的责任、总监质量安全6项规定的责任、质量安全报告责任以及监理人员职责等规定。

要继续发扬监理人向人民负责的精神，业务上精益求精、工作中坚持原则、作风上勇于奉献、事业上开拓创新，尽心履职，保障工程质量

安全，塑造监理人良好的形象，赢得监理企业美好的前程。

## （三）守诚立信、弘扬正气，树立行业新风

孔子说："人而无信，不知其可也。"诚信是中华民族经历五千年沉淀的传统美德，是做人的基本原则，也是企业生存发展的基础。

为了营造建筑市场诚实守信良好环境，住建部建立了建筑市场监管与诚信信息一体化工作平台，积极推进建筑市场监管与诚信体系建设。中国建设监理协会和地方监理协会近些年在诚信建设方面也做了大量工作，先后制定了一些诚信规范，广大监理企业也以实际行动积极遵守行业规范。可以说重视诚信建设的氛围已经形成，但最终要实现整个行业的诚实守信还需要我们共同努力。我们要加强诚信典型案例的宣传力度，弘扬正能量，引导行业诚信发展。对严重失信和严重扰乱监理市场秩序的行为要依据章程作出严肃处理。

在座的企业代表都是业内的佼佼者，代表了监理行业的未来。在此，我希望各位企业家都成为诚信立业的标兵，积极引导和带动身边的企业诚信经营，弃陋习、扬正气、树新风。

## （四）凝心聚力、内部挖潜，推动行业健康发展

建筑业管理制度改革还在进行中，监理行业发展既有机遇又有挑战。前面我说到要坚定自信、认清形势，在关注发展环境变化的同时，我们还要潜心修炼内功，发挥自身优势，开展差异化的经营，推动行业健康发展。

作为协会，我们要积极推动建立相关行业标准，包括不同专业监理工作、人员配备、监理工器具配备、监理人员能力和人员成本计费等标准建设，做好为行业服务的工作。作为企业，要做到5个提高。即提高人员的业务、管理、协调沟通和决策的综合能力；加强运用现代通信和网络技术为监理工作服务，提高信息化管理能力；探索无人机、深基坑检测仪、3D扫描仪等科技设备在工作中的应用，提高科技监理能力；加强企业文化建设，树立监理企业品牌，提高核心竞争能力；坚持重诚信、守承诺，言必行、行必果，提高诚信经营能力。

在应对激烈的市场竞争中，每个企业都有属于自己的独特竞争优势，企业要注重增强发挥自身的比较优势，开展多元化、差异化服务，绝大部分监理企业要发挥自身优势在做专做精、做优做强上下功夫，创造自身的品牌；有能力的监理企业根据市场需要向项目管理和全过程工程咨询方向发展，不断提高统筹和管理的能力，避免追求大而全。能力较强的监理企业要紧跟中央"一带一路"倡议，将中国特色的监理标准推向世界。

同志们，监理走过的30年，是从无到有、逐步壮大的30年，是保障工程质量安全、守护群众安居的30年，是监理人同舟共济、创新发展、建功立业的30年。雄关漫道真如铁，而今迈步从头越。30年是监理发展的一个里程碑，也是继往开来，再创辉煌的新起点。让我们携起手来，以习近平新时代中国特色社会主义思想为指导，落实党的"十九大"精神，认真总结经验，传承和弘扬监理人的优良作风和严谨的工作态度，为保障工程质量安全，为人民幸福生活和实现中华民族伟大复兴作出积极贡献！

最后祝各位代表工作顺利、身体健康！

# 发言摘要

## 工程监理转型升级发展战略的探讨

同济大学工程管理研究所　丁士昭

加快发展知识型服务业，对于我国转变经济发展方式、加快产业转型升级，和提高现代服务业的国际竞争力，具有特殊的战略意义。

同济大学工程管理研究所名誉所长丁士昭教授通过探讨工程监理转型升级的发展战略，提出由三个阶段组成的发展路径，对发展路径相关的内涵和意义作了概括的描述。指出工程监理服务应逐步发展成以知识活动（知识创造、传播和共享等）为基础，提供知识产品和知识服务的产业，成为工程建设管理咨询领域的知识型服务业的核心组成。

## 不忘初心　创新发展

中国建设监理协会专家委员会　修璐

中国建设监理协会专家委员会副主任修璐指出保证工程建设的质量安全是建设监理行业生存和发展的核心价值。当今建设监理行业发展已经进入了新时期，必将面临新机遇和新挑战，要具备坚定的与时俱进的信念和强大的自我调整能力。同时，提出要正确理解和认识全过程工程咨询服务与传统监理的关系，在行业科技创新应用和现代化管理工作上不断提高，紧随"一带一路"倡议，提升企业核心竞争力。

## 完善工程监理工作标准体系 发挥工程监理在高质量发展中的作用

北京交通大学　刘伊生教授

北京交通大学刘伊生教授首先分析了工程监理工作标准实施现状及问题，指出工程监理工作标准化的重要意义，并对工程监理工作标准框架体系及内容进行了介绍。提出要充分认识工程监理工作标准的重要作用，做好顶层设计；尽快适应标准化改革发展需求，发挥行业协会作用；做好工程监理工作标准编制规划，组织力量分步实施。

## 共画同心圆　同谋发展路

上海市建设工程监理咨询有限公司　龚花强

历经了30年的风雨坎坷，30年的传承跨越，监理行业持续为工程建设项目质量保驾护航，对提高我国工程建设安全生产管理水平，降低工程质量安全风险起到了举足轻重的作用并取得了一系列发展成果。

上海市建设工程监理咨询有限公司董事长龚花强分别从30年的监理行业变化、外资企业的管理理念对内资企业的影响和展望监理行业未来的转型升级发展方向等三个方面作了报告。

## 学习型组织创建与企业核心能力建设

浙江江南工程管理股份有限公司　李建军

作为智力密集型服务企业，以学习型组织建设为载体，打造专业化、综合性人才队伍是工程监理企业核心能力建设的重要方面。

浙江江南工程管理股份有限公司董事长李建军通过回顾工程监理的发展历程，探讨工程监理企业核心能力建设的重要意义，结合江南管理公司学习型组织建设的探索历程，分享江南管理公司学习型组织建设的方式方法。

## 完善制度　勇于创新　再造辉煌

北京市建设监理协会会长　李伟

北京市建设监理协会会长李伟代表团体会员向与会代表分享了北京市监理行业发展的成就，指出工程监理制度是改革开放的产物，是几代监理人奋斗的结果，要坚决维护工程建设监理制度。为提升行业形象，提高人员素质，加强履职能力，提出4点倡议：一是提倡专业化，加强学习；二是建议制定团体标准，推广标准化；三是提倡信息化，增加监理工作的科技含量和技术含量；四是倡导集团化，发挥行业整体优势。

# 追求卓越　打造建筑艺术精品

重庆联盛建设项目管理有限公司总经理　雷冬菁

　　重庆联盛建设项目管理有限公司总经理雷冬菁作为单位会员代表向大家分享了该公司在内蒙古少数民族体育文化运动中心项目所承担的工作与取得的成绩。公司为此项目独家提供了项目全过程的技术、管理与经济咨询、质量与安全控制服务，主导实施了基于BIM技术的设计、施工和项目管理工作。该项目获得IPMA 2018年度全球卓越大奖金奖，这也是项目管理咨询企业首枚全球金奖，开创了项目管理业界的先河。

# 40年的水电发展与水电监理

中国建设监理协会水电建设监理分会会长　陈东平

　　中国建设监理协会水电建设监理分会会长陈东平代表分会向与会代表介绍了改革开放40年来水电行业的改革与发展，以及水电建设监理的体制变革和发展成果。提出未来水电的可持续发展将突出体现"西电东送与电源开发协调发展的重要性（统筹性）"，要充分意识到"宏观政策研究的重要性（战略性）"。水电建设监理行业作为水电建设管理体制中的重要环节也必然会向法制化、规范化与科学化方向不断发展，继续推进水电建设管理核心能力建设。

# 颂建设工程监理

武汉建设监理与咨询行业协会会长　汪成庆

　　武汉建设监理与咨询行业协会会长汪成庆代表个人会员向与会代表分享了监理制度建立30年来的发展。提出未来工程监理理论将会在工程项目建设实践中得到升华，体系将更加完备，理论指导将更加有力。工程监理制度将与全过程工程咨询管理方式同步发展、深度融合并互为补充，共同构成工程建设组织模式深化改革的重要内容。工程监理的服务市场将走向更加专业化、信息化、个性化、定制化的方向。

# 建设工程监理行业的回顾和展望

孙成

*广东省建设监理协会*

20 世纪 80 年代中后期，伴随着改革开放的不断推进和深化，我国工程建设领域诞生了一项崭新的管理制度——工程监理制度。工程建设实行建设监理制度，是我国建设领域第一次重大变革，30 年的实践证明，工程监理制度的实施，适应了社会主义市场经济发展和改革开放的要求，加快了我国工程建设管理方式向社会化、专业化方向转变的步伐，建立了工程建设各方主体之间相互协作、相互制约、相互促进的工程建设管理运行机制，完善了我国工程建设管理体制，促进了工程建设管理水平和投资效益的提高，在工程建设领域发挥了巨大作用。1997 年 11 月 1 日《中华人民共和国建筑法》以法律制度形式作出明确规定，国家推行工程监理制度，工程监理制度逐步走向法制化轨道。

## 一、我国建设工程监理的由来、发展及现状

（一）我国建设工程监理的由来

位于云南省与贵州省交界处南盘江支流黄泥河上的鲁布革水电站，由首部枢纽、引水发电系统和地下厂房三部分组成。电站总装机容量 60 万 kW，工程总投资 15.95 亿元，是我国在 20 世纪 80 年代初，首次利用世界银行贷款并实行国际招投标、引进国外先进设备和技术建设的电站。工程于 1982 年 11 月开工，1992 年 12 月通过国家竣工验收。

该工程由云南省电力工业局负责；工程建设管理单位是水利电力部鲁布革工程管理局；设计单位是水利电力部昆明勘察设计研究院；施工单位是水利电力部第十四工程局。开工二、三年后，为了使用世行贷款，不得不从原十四局已承担的工程中，把引水隧道工程拿出来，进行国际招标。最终，由日本大成建设株式会社中标。同时，世行要求委托建设监理。由此引发了我国工程建设管理模式的大改革。

该工程建设实行了以业主责任制、建设监理制、招标投标制和合同管理制为基本管理体制的工程建设管理模式，有力地约束了各种随意性，同时，有效地调动了各方面的积极性，促使业主（项目法人）、监理、承建商三方明晰要求获取各自的利益，必须以取得工程项目建设最佳效益为基础，从而形成合力，努力进取。鲁布革工程项目管理经验引起国内的震动和深思，这种体制和机制的成功实践，为我国建设领域改革树立了光辉的典范。

1987 年 9 月，国务院召开全国施工工作会议，时任国务院总理李鹏主持会议，提出认真总结并推行鲁布革经验。从而，促进了对工程建设项目管理科学的总结、探索和发展，引发了国内建设领域建设市场的萌动，尤其是为建设工程监理制度在我国工程建设项目中的推行拉开了序幕。

（二）我国建设工程监理的发展

我国的建设工程监理制度的发展过程可分为三个阶段：1988~1992 年的试点阶段；1993~1995 年的稳步推进阶段；1996 年开始的全面推行阶段。1988~1992 年重点在北京、上海、天津、南京、宁波、沈阳、哈尔滨、深圳 8 个重点城市和能源部门、交通部门下属的水电和公路系统进行试点；1993~1995 年在全国 153 个地级以上城市初步开展监理工作；1996 年开始在全国建设领域全面推行工程监理制。

（三）我国建设工程监理行业的现状

随着我国市场经济的快速发展、建设项目组织实施方式的改革以及全球经济的一体化，工程监理行业面临前所未有的机遇和挑战，30 年来，监理行业已

经形成了一套较为成熟的法律、法规和规章制度，并且建立了相应的理论、方法体系。监理行业虽有发展，但整体来说，无论是在工程建设监理的理论上，还是在工程建设监理的实践上，还都存在一些比较突出的问题与短板。

### 1. 监理的定位不够明确

监理的定位问题，一直是束缚着我国监理行业发展的原因之一。由于政府关注和强调质量监理，限制了监理提供专业化服务的范围，加之绝大多数的监理公司都不具备建设前期的工程咨询能力，且工程的可行性研究又属于计划部门管理，诸多原因导致工程监理仅限于工程实施阶段，使得监理的路越走越窄，失去了发展的空间。造成这种状况既有体制上、认识上的原因，也有建设单位需求和监理企业素质及能力等原因。

### 2. 行业集中度不高，不利于行业良性发展

从数量来看，当前监理行业中各类资质的监理单位繁多，良莠不齐；从行业结构来看，当前监理企业层次不分明，行业集中度不高，金字塔结构尚未形成；从行业整体来看，作为行业实力最强的综合资质企业产值占监理行业总产值的比例较小，企业规模仍不算大，实力不强，还不能与国际咨询企业抗衡，未充分体现并发挥对行业的引领作用。作为实力较强的甲级企业，企业数量众多，实力差距巨大，一些企业实力、规模和"甲级"身份完全不匹配。作为实力较弱的乙级和丙级企业，数量众多，同质化现象严重，甚至与大型监理企业在同类业务上展开竞争，没有发挥机制灵活的优点，没有形成企业特色，企业规模和发展方向不符，专业性不强，服务质量和水平不高。

### 3. 专业分布失衡

2017 年，全国 7945 家监理企业中，88% 的企业专业资质集中在房屋建筑和市政工程两个专业（房屋建筑专业有 6394 家，市政公用工程 616 家），而其他 12 个专业累计仅有 935 家企业，专业的分布不均衡，形成房屋建筑专业竞争过度，供大于求，而其他 12 个专业基本是行业垄断，没有形成市场竞争。

### 4. 监理任务的委托与市场行为不规范

《招标投标法》第三条规定，符合条件的建设工程监理必须实行招标。从行业发展的前景来看，引入竞争机制是对的。但是，由于当前工程监理市场缺乏行之有效的规范制度，在工程监理市场中出现了企业恶性竞争、挂靠监理、围标串标、监理业务转包、阴阳合同、业主私招乱雇、系统内搞同体（或连体）监理等违规现象。导致建设单位对工程监理制度、工程监理单位及监理人员存在抵触心理，在项目实施过程中，不对监理人员充分授予权力，使得工程监理单位和人员处于较为尴尬的境地。

### 5. 监理企业竞争力不强

监理企业的竞争力主要体现于监理企业的知识与技能、管理体系、人力资源、技术体系、价值观念与企业文化等内容。当前一些监理企业规模在扩大的同时，却没有一个与之适应的管理体系，尚未建立科学的企业运行和管理机制，导致企业管理混乱，无法形成企业竞争力；对于人才这一企业最关键的要素而言，如前述，管理行业存在一线监理人员整体素质不高、注册监理工程师数量不足、监理从业人员结构不合理等问题，企业人员不能满足企业管理和监理工作的需要；企业文化方面，很多监理单位忽视企业文化的重要性，没有形成特定

的企业文化，企业的凝聚力不强，员工的归属感弱，造成企业人才流失现象严重；另外，许多监理企业忽视对新技术的应用，缺乏创新能力。

### 6. 多数监理企业业务范围小

当前，我国大多数监理企业主要提供施工阶段以工程质量控制、安全生产管理为重点的监理服务，尽管有的监理企业在向项目管理服务拓展，但仍然存在很多问题：第一，现如今我国具备项目全过程管理能力的监理企业很少，很多监理企业的综合素质不能满足项目管理的要求；第二，绝大多数监理企业仅具备单一的工程监理资质，而项目管理除应具备工程监理资质外，相关的咨询、代理、造价、设计等资质也应具备；第三，许多监理企业缺乏全过程项目管理的人才；第四，监理行业从业人员对自己的工作缺乏准确的定位，导致很多监理人员在现场处于被动适应甚至应付状态。

### 7. 多数监理服务质量不高

工程监理行业是咨询行业，其产品是工程监理单位提供的服务，工程监理服务产品不同于普通的服务产品，它的质量的好坏无形地体现在工程项目成果中。当前，工程监理行业服务产品质量普遍偏低，监理工作常常不能成为实现理想工程管理效果的有力保障，工程监理企业提供服务的专业化水平和尽职尽责水平也常常不能令建设单位满意，空有"监理岗位"不见监理人员的现象在很多监理项目上仍然存在。

### 8. 监理手段落后、单一

我国工程监理企业的监理手段普遍比较落后、单一，现场监理工作仍以文件资料审查、现场巡视、旁站、参与质量验收等为主，许多工程监理企业缺乏

先进的技术装备和检测手段，很多监理人员只能凭经验下定论，其监理工作缺乏科学性与客观性。监理行业在先进技术手段的利用上也比较薄弱，没有跟上计算机、网络技术、现代检测技术等的发展步伐。

9. 监理人才匮乏，难以满足发展需要

监理企业行业地位日益下降，再加上监理服务费取费低、工作压力大、风险高等诸多因素，造成监理行业大量优秀人才转行至设计、施工、房地产等行业，监理企业人员流失严重，青黄不接。多年来，施工阶段监理工作的性质，以及岗位职责的细分，使得监理企业人员综合能力不强，缺乏既懂合同和经济，又懂工程技术的综合性人才，难以满足转型业务发展的需要。

10. 行业壁垒使发展空间受限

目前，住房和城乡建设部、水利部、交通运输部都有自己的监理企业，各有一套本行业的资质申报、业绩认证体系，虽然工程建设大同小异，但行业交流一般只局限于业内，缺乏跨行业的横向交流，从而导致工程监理市场行业分割严重、监理服务标准差异具大、监理人才流动性差，已明显与市场经济规则和要求不符。如市政监理企业在大型桥隧建设方面具有较丰富的管理经验，但要进入地铁行业难度很大。监理企业要转型成综合性工程项目咨询管理企业，行业限制太多，阻碍了企业多元化发展。

## 二、我国监理行业的展望

思路是行业发展方向的决定性因素，面对我国监理企业举步维艰的生存环境，要想改变监理行业的现状，促进行业持续发展，应着重从监理行业自身和外部环境两个方面去破解。

（一）行政管理体制改革的深化促进监理行业法律法规及标准体系完善

党的"十九大"以来，国家行政管理体制改革进入了实施阶段。大力推进简放政权政策落实，取消或下放部分行政审批事项，发挥市场在资源配置中的决定性作用的市场化改革正在逐步深入，针对工程监理行业面临的突出问题以及新时期建筑业改革与发展要求，政府主管部门将通过修订和完善有关法律法规、部门规章、制定《建设工程监理条例》，以及进一步细化工程监理标准等，推进工程监理的法制化、标准化建设。

（二）市场需求的变化导致差异化服务的产生

市场一旦饱和，兼并、整合和关停是一种自然行为。这也将导致市场需求的变化，使得市场因自身的需求而要求监理咨询服务出现差异化。展望未来监理市场的变化，依据投资主体的不同，市场对监理咨询服务等需求将出现不同的差异化。今后相当长一段时期内，监理行业将一直处于一个不断创新而又不断变化的状态之中。围绕项目管理的原始管理目标，进行细化和分类，再加入项目的全过程管理咨询。这种差异化的监理（咨询）服务，需要现有的监理行业不断发展和整合自有的业务，要么使自有业务不断细分具备精细化的管理水平；要么在自有业务的基础上，整合优良社会资源（包含技术、管理和政治资源），以达到能不断适应市场需求的目标。

（三）服务范围的延伸拓展导致监理需求增值

目前的工程监理服务主要以施工阶段监管服务为主。一旦业主对于第三方工程管理服务选择的自由度加大，将会把建设项目的生命周期向前延伸至项目策划、可行性研究阶段，向后延伸至项目运行、后评估阶段，从而使建设项目成为立项、开发、建设、运行甚至是运营保障的结合。作为第三方工程管理服务的提供者，将可能会为业主方综合承担工程的策划、融资、设计、咨询、施工、工程管理及运行期间的维护等全过程的业务，使服务对象和服务单位的利益与工程的最终效益挂钩，为工程管理服务行业创造出更大的增值空间。

（四）建筑领域技术革新导致信息化服务的提升

随着科学技术的不断进步，展望未来建筑业的发展，建筑生产的自动化、模块化和工业化，建筑产品的高强化、优质化、智能化和精细化，材料应用的生态化和节能化，以及建筑领域各环节的智能化和信息化应用，带来的"智能建筑""绿色建筑""精细化建筑"等，均会对工程管理服务的手段、技术和服务方式等提出新的挑战及创新要求。尤其是随着信息技术的应用推广、可视化

智能化的软件应用、BIM 技术及企业后方知识平台（如数据库、内部办公系统、手持设备等）的支持，将不断降低设计、施工、监理、工程咨询专业之间的门槛，进一步提高建筑行业整体的科学技术水平。作为工程监理企业，要积极拥抱新技术对传统服务业的颠覆性改造，要善于利用新的技术来优化企业管理流程，提升监理服务管理水平。

（五）多元化的监理服务必然导致监理行业的大发展

展望工程监理行业的未来发展，行业企业实现分化并呈现金字塔形结构，是行业良性发展的方向。在这个金字塔上，第一类企业处在行业顶端，是拥有自主的知识产权、专有技术、实力强大的公司。其公司可能集中在某一项或多项专业工程领域，从事着从项目立项、可行性研究到初步设计、施工图设计、选择承包商、监督管理施工，直至工程竣工验收，甚至包括项目后评估、运营维护的项目全过程的管理和技术咨询服务。第二类企业是处在金字塔中间部分的企业。这些企业具有良好的社会信誉，实力较强；并且有结构合理的人才队伍、相当丰富的建设项目管理经验，在某一项或多项专业工程技术上有专长。这样的企业将有能力根据市场的需要提供建设项目全过程或某一阶段的技术咨询和管理服务，是建设监理行业的中坚力量。第三类企业是处在金字塔底层的企业。主要在施工现场实施旁站、第三方检测或仅仅实施施工阶段的质量、投资、安全等某一专项监管的企业。

## 三、结语

当前，我国正在深入进行供给侧结构性改革，并且从工程建设大国向工程建设强国迈进，这为工程建设监理行业提供了广阔空间和良好的机遇。借鉴国际通行的工程管理咨询准则和经验，不断解决监理实践中出现的问题或短板。相信在政府有关部门的大力支持和专业指导下，会有越来越多的大中型监理企业结合行业特点和自身实际，针对不同的市场，通过不同的渠道，运用不同的方式，转型成为真正意义上的大数据时代的高技术企业，在推进企业向着更强、更高、更远发展的同时，引领监理行业走出困境，迈向光明美好的未来。

# 装配式混凝土剪力墙结构现场监理工作探索

毕中伟

北京市潞运建设工程监理服务中心

**摘　要**：针对保障性住房装配式混凝土剪力墙结构监理在质量控制、安全控制进行了总结，为监理迎接新技术挑战总结经验。

**关键词**：装配式混凝土剪力墙结构　监理质量控制　监理安全控制

## 引言

2016 年国家决定大力发展装配式建筑，推动产业结构调整升级。北京市提出了到 2020 年实现装配式建筑占新建建筑的比例达到 30% 的目标。保障性住房实施绿色建筑行动和住宅产业化全覆盖，实施保障房全装修成品交房和装配式装修。自 2017 年 3 月 15 日起，新纳入北京市保障性住房建设计划的项目和新立项政府投资的新建建筑应采用装配式建筑。

装配式建筑是指采用预制部品、部件在工地装配而成的建筑。包括装配式混凝土建筑、钢结构建筑、现代木结构建筑和其他符合装配式特征的建筑。目前在北京市保障性住房项目应用较多的是装配式混凝土剪力墙结构，采用建筑装修一体化设计、施工，装配式建筑的发展，对监理来说是挑战，也是机遇。装配式建筑配备的监理人员需要更加懂技术、懂操作、懂方法、懂科学。

从已完成的保障房装配整体式剪力墙结构体系建筑来看，根据我们监理过的项目情况，装配式剪力墙结构预制构件使用了预制外墙板、预制内墙板、预制阳台板、预制楼梯、预制叠合楼板等。装配式建筑现场监理过程中，重点需要从两个方面进行控制，一是质量控制，二是安全控制。本文只对装配式建筑现场质量、安全方面的监理工作进行阐述，为现场监理履职提供经验。

## 一、装配式建筑监理质量控制工作要点

（一）预制构件的进场及存放监理控制工作要点

1. 预制构件进场时预制生产单位应提供构件质量证明文件；预制构件应有标识，应对预制构件的外观质量和尺寸偏差、预埋件、预留孔、吊点、预埋套孔等再次核查，进入现场的构件逐一进行质量检查，检查不合格的构件不得使用。

2. 预制墙板宜采用堆放架插放或靠放，堆放架应具有足够的承载力和刚度；预制墙板外饰面不宜作为支撑面，对构件薄弱部位应采取保护措施。

3. 预制叠合板、柱、梁宜采用叠放方式。预制叠合板叠放层不宜大于 5 层，预制柱、梁叠放层数不宜大于 2 层。底层及层间应设置支垫，支垫应平整且应上下对齐，支垫地基应坚实。构件不得直接放置于地面上，并根据需要采取防止堆垛倾覆的措施。

4. 预制异形构件堆放应根据施工现场实际情况按施工方案执行。

5. 预制构件堆放超过上述层数时，应对支垫、地基承载力进行验算。

（二）预制构件安装监理控制工作要点

1. 督促施工单位应建立健全质量管理体系、施工质量控制和检验制度。

2. 审核施工单位编制的装配式混凝土结构施工专项方案，方案包括预制构件施工阶段预制构件堆放和驳运道路的施工总平面图；吊装机械选型和平面布置；预制构件总体安装流程；预制构件安装施工测量；分项工程施工方法；产品保护措施；保证安全、质量技术措施等。

3. 存在缺陷的构件应进行修整处理，修整技术处理方案应经监理确认。

4. 预制构件吊装安装前，应按照装

配整体式混凝土结构施工的特点和要求，对塔吊作业人员和施工操作人员进行吊装前的安全技术交底。并进行模拟操作，确保信号准确，不产生误解。

5. 装配整体式混凝土结构工程施工前，应对施工现场可能发生的危害、灾害和突发事件制定应急预案，并应进行安全技术交底。

6. 装配整体式混凝土结构起重吊装特种作业人员，应具有特种作业操作资格证书，严禁无证上岗。

7. 装配整体式混凝土结构安装顺序以及连接方式及临时支撑和拉结，应保证施工过程结构构件具有足够的承载力和刚度，并应保证结构整体稳固性。

8. 预制构件安装过程中，各项施工方案应落实到位，工序控制符合规范和设计要求。

9. 装配整体式结构应选择具有有代表性的单元进行试安装，试安装过程和方法应经监理单位认可。

10. 预制构件的安装准备：检查吊装设备的完好性，对力矩限位器、重量限制器、变幅限制器、行走限制器、吊具、吊索等进行检查，应符合相关规定。

11. 预制构件测量定位，每层楼面轴线垂直控制点不宜少于4个，楼层上的控制线应由底层向上传递引测；每个楼层应设置1个高程引测控制点；预制构件安装位置线应由控制线引出，每件预制构件应设置两条安装位置线。预制墙板安装前，应在墙板上的内侧弹出竖向与水平安装线，竖向与水平安装线应与楼层安装位置线相符合。

（三）预制构件的吊装监理控制工作要点

1. 预制构件起吊时的吊点合力宜与构件重心重合，可采用可调式横吊梁均衡起吊就位；吊装设备应在安全操作状态下进行吊装。

2. 预制构件应按施工方案的要求吊装，起吊时绳索与构件水平面的夹角不宜小于60°，且不应小于45°。

3. 预制构件吊装应采用慢起、快升、缓放的操作方式。预制墙板就位宜采用由上而下插入式安装形式。预制构件吊装过程不宜偏斜和摇摆，严禁吊装构件长时间悬挂在空中；预制构件吊装时，构件上应设置缆风绳控制构件转动，保证构件就位平稳。

4. 预制构件吊装应及时设置临时固定措施，临时固定措施应按施工方案设置，并在安放稳固后松开吊具。

5. 预制墙板安装过程应设置临时斜撑和底部限位装置。

6. 预制混凝土叠合墙板构件安装过程中，不得割除或削弱叠合板内侧设置的叠合筋。

7. 相邻预制墙板安装过程宜设置3道平整度控制装置，平整度控制装置可采用预埋件焊接或螺栓连接方式。

8. 预制墙板采用螺栓连接方式时，构件吊装就位过程应先进行螺栓连接，并应在螺栓可靠连接后卸去吊具。

（四）套筒灌浆监理控制工作要点

装配整体式结构构件连接可采用焊接连接、螺栓连接、套筒灌浆连接和钢筋浆锚搭接连接等方式。目前工程大多采用套筒灌浆的连接方式，应按设计要求检查套筒中连接钢筋的位置和长度。

1. 灌浆前应制定套筒灌浆操作的专项质量保证措施，灌浆操作全过程应有质量监控。

2. 灌浆料应按配比要求计量灌浆材料和水的用量，经搅拌均匀后测定其流动度满足设计要求后方可灌注。

3. 灌浆作业应采取压浆法从下口灌注，当浆料从上口流出时应及时封堵，持压30s后再封堵下口。

4. 灌浆作业应及时做好施工质量检查记录，每工作班制作一组试件。

5. 灌浆作业时应保证浆料在48h凝结硬化过程中连接部位温度不低于10℃。

6. 灌浆全过程经理人员需要在现场旁站，记录旁站记录并保存影像资料。

7. 灌浆过程中应确定灌浆是否充盈，监理旁站过程中发现灌浆过程中排浆孔未出浆，但是灌浆料灌注阻力较大时，旁站监理人员应要求施工单位停止灌浆施工，查找原因并记录情况，并要求施工单位采取措施保证灌浆充盈。

8. 经检查发现灌浆不饱满时，应要求施工单位按照施工方案进行处理，灌浆饱满才能进行下一步工序施工。

（五）密封材料嵌缝监理控制工作要点

1. 密封防水部位的基层应牢固，表面应平整、密实，不得有蜂窝、麻面、起皮和起砂现象。嵌缝密封材料的基层应干净和干燥。

2. 嵌缝密封材料与构件组成材料应彼此相容。

3. 采用多组份基层处理剂时，应根据有效时间确定使用量。

4. 密封材料嵌填后不得碰损和污染。

（六）成品保护监理控制工作要点

1. 装配整体式混凝土结构施工完成后，竖向构件阳角、楼梯踏步口宜采用木条（板）包角保护。

2. 预制构件现场装配全过程中，宜对预制构件原有的门窗框、预埋件等产品进行保护，装配整体式混凝土结构质量验收前不得拆除或损坏。

3. 预制外墙板饰面砖、石材等装饰

材料表面可采用贴膜或用其他专业材料保护。

4.预制楼梯饰面砖宜采用现场后贴施工,采用构件制作先贴法时,应采用铺设木板或其他覆盖形式的成品保护措施。

5.预制构件暴露在空气中的预埋铁件应涂抹防锈漆。预制构件的预埋螺栓孔应填塞海绵棒。

## 二、装配式建筑监理安全控制工作要点

### (一)监理安全事前控制重点

首先应由总监理工程师组织专业监理工程师、专职安全监理人员共同进行审查,总监理工程师提出最终审核意见。在审查施工单位报审的施工组织设计或专项施工方案的同时,审查施工单位报审的装配式专项施工方案,并应在装配式构件进场前完成审查。监理重点审查专项施工方案的编制审核程序是否符合相关规定,专项施工方案的内容是否符合工程建设强制性标准,对超过一定规模的危险性较大的分部分项工程,应经施工单位技术负责人审批并加盖单位公章,专项施工方案是否按规定程序组织专家论证。项目监理机构应根据装配式建筑特点及施工单位报送的专项施工方案,编制相应的监理实施细则,监理实施细则应重点包括构件码放监理控制要点、所需机械设备监理控制要点、构件吊装监理控制要点、支撑体系监理控制要点、脚手架监理控制要点、安全防护措施监理控制要点等内容,监理实施细则作为监理工作的业务文件要具有实施性和可操作性。项目监理部要严格按照经过审批的监理实施细则开展监理业务,做到监理履职。

### (二)监理安全事中控制重点

项目监理部对装配式建筑混凝土预制构件安装工程等危大工程进行专项巡视检查,重点检查施工单位项目负责人、专职安全管理人员是否在现场履职;检查项目技术负责人向施工现场管理人员方案交底的记录;检查施工现场管理人员对作业人员进行安全技术交底的记录;抽查现场特种作业人员是否持证上岗;抽查施工单位对施工作业人员的登记情况;抽查专项施工方案的实施情况;抽查装配式混凝土建筑预制构件安装过程设置的临时支撑或采取的临时固定措施是否符合相关规定。同时项目监理机构应将专项巡视检查记录存入装配式混凝土建筑预制构件安装工程及其他危大工程安全生产管理的监理资料档案。

项目监理机构发现施工单位未按照专项施工方案施工的,应当要求其进行整改;情节严重的,应当要求其暂停施工,并及时报告建设单位。施工单位拒不整改或者不停止施工的,项目监理机构应当及时报告建设单位和工程所在地住房城乡建设主管部门。

1.构件码放监理现场巡视要点

1)主要进场道路的宽度、坡度、转弯半径、承载力应满足构件运输车辆的要求。应划定专门场地存放构件,并且场地周围不应有障碍物,同时应满足预制构件周转使用的场地;预制构件存放场应进行硬化处理,保证其平整坚实,并有排水措施。当布置在车库顶板上时,应得到设计的认可,并进行加固处理。

2)存放场地应在塔吊的覆盖范围,减少二次倒运;存放架应按方案加工和搭设。

3)存放场地四周需设置防护栏杆

和安全标识,防护栏杆高度应按方案搭设,设置安全警示标示等。

4)装卸构件时,需采取保证车体平衡的措施。当运输采用靠放架运输时,应对称码放装卸构件,必要时需在单侧增加配重。

5)预制构件码放时应按构件种类、安装位置和吊装顺序分类、分区域进行码放,并应保证预埋吊件朝上,标识宜朝向堆垛间的通道。

6)预制构件宜升高离地存放,确保构件灌浆口不被杂物堵塞。并且所用垫块应采用柔性垫块,防止构件面层混凝土碾压破损。

7)预制墙板采用靠放架堆放时,靠放架应具有足够的承载力、刚度,并且应与地面进行加固处理,保证架体稳定性。墙板宜对称靠放且外饰面朝外,并与地面保证稳定角度,构件间宜采用木垫块隔离。

8)预制墙板码放采用插放架垂直码放时,插放架宜使用扣件钢管搭设,操作面应设置走廊通道及防护栏杆,支架应有足够的强度、刚度和抗倾覆能力。

9)厂家提供配套的专用插放架对预制墙板进行垂直码放。专用插放支架的强度和稳定性由厂家根据墙板的重量进行验算。

10)预制板类构件可采用叠放方式存放,构件层与层之间应垫平、垫实,各层支垫应上下对齐,叠合板垫块在构件下的位置宜与构件吊装时的起吊位置一致。最下面一层支垫应通长设置,叠放层数按方案要求,并应根据需要采取防止堆垛倾覆的措施。

11)预制楼梯段施工现场堆放宜采用叠层放置,以方便楼梯段吊装。

12)预制阳台采用叠放时需保证构

件间稳定性。

13）预制构件堆放时应做好构件的成品保护。成品保护可采取包、裹、盖、遮等有效措施。预制构件存放处2m范围内不应进行电气焊作业。

2.机械设备监理现场巡视要点

1）抽查现场专职安全管理人员到岗情况。

2）抽查特种作业人员是否持证上岗。

3）抽查安全设施的设置是否符合相关规定。

4）抽查专项施工方案的实施情况。

5）装配式预制混凝土构件施工的塔式起重机司机、信号工等特种作业人员需经过专业培训并持证上岗。对起吊物进行移动、吊升、停止、安装时的全过程中，应采用对讲机进行指挥，信号不明不得启动，上下联系应相互协调。

6）施工单位应对从事预制构件吊装和安装的作业及相关人员进行安全培训及交底。

7）吊装锁具表面应光滑，不得有裂纹、划痕、剥裂、锐角等现象存在。

8）检查构件外观质量是否出现蜂窝、麻面、开裂、受损等情况，重点检查吊环周围混凝土是否有蜂窝、孔洞、开裂等影响吊环受力的质量缺陷。

9）检查钢丝绳的绳环或两端的绳套采用的固定形式（插编接头、压接接头、钢丝绳绳夹索具）。

10）卸扣本体及销轴的不得有裂纹、大面积锈蚀腐蚀、变形和超过10%的磨损。

11）临时支撑是否按方案搭设和验收。

12）采用汽车吊装的场地，道路是否满足吊装要求。

13）架空线路是否采取保护措施，吊装时应尽量避开架空线路。

14）现浇结构钢筋是否准确，调整是否满足吊装要求。

15）吊索水平夹角不宜小于60°，且不应小于45°。

16）构件吊装是否按吊装顺序编号进行，是否按方案吊装入位。

17）叠合板起吊时，要巡视是否是4个吊点均匀受力，构件平稳吊装。

18）吊装作业范围是否有安全警示标识和安全防护。

3.支撑体系监理现场巡视要点

1）支架基础：当支架设在楼面结构上时，应对楼面结构强度进行验算，必要时应对楼面结构采取加固措施；三脚架稳定、牢固。

2）支撑与间距：独立钢支柱的可调高度范围是2.0～2.8m；单根支柱可承受的荷载为15kN；支承点、间距以方案为准。安装楼板前调整支撑标高与两侧墙预留标高一致。

3）支撑体系安装：独立钢支撑、工字梁、托架分别按照平面布置方案放置，调到相应标高，放置工字梁，工字梁采用可调节U形托座进行安装就位。

4.脚手架监理现场巡视要点

1）扣件式钢管脚手架监理现场巡视要点。

（1）立杆基础要求平整、夯实，并应采取排水措施，立杆底部设置的垫板、底座应符合规范要求。

（2）架体与建筑结构拉接应符合规范要求，连墙件布置应靠近主节点设置，偏离主节点的距离不应大于300mm；应从底层第一步纵向水平杆处开始设置，当该处设置困难时，应采取其他可靠措施固定；开口型脚手架的两端必须设置连墙

件，连墙件的垂直间距不应大于建筑物的层高，并不应大于4m；连墙件中的连墙杆应呈水平设置，当不能水平设置时，应向脚手架一端下斜连接；连墙件必须采用可承受拉力和压力的构造，对于高度24m以上的双排脚手架，应采用刚性连墙件与建筑物连接；当脚手架下部暂不能设连墙件时应采取防倾覆措施。

（3）架体立杆、纵向水平杆、横向水平杆间距应符合设计和规范要求。

（4）手板材质、规格应符合规范要求，铺板应严密、牢靠；架体外侧应采用密目式安全网封闭，网间连接应严密；作业层应按规范要求设置防护栏杆；作业层外侧应设置高度不小于180mm的挡脚板。

（5）横向水平杆应设置在纵向水平杆与立杆相交的节点处，两端应与纵向水平杆固定，单排脚手架的横向水平杆的一端应用直角扣件固定在纵向水平杆上，另一端应插入墙内，插入长度不应小于180mm；作业层应按铺设脚手板的需要增加设置横向水平杆。

（6）纵向水平杆杆件宜采用对接，若采用搭接，搭接长度不应小于1m，且固定应符合规范要求，间距设置3个旋转扣件固定，端部扣件盖板边缘至搭接纵向水平杆杆端的距离不应小于100mm；单排、双排、满堂脚手架立杆接长除顶层顶步外，其余各层各步接头必须采用对接扣件连接；扣件紧固力矩不应小于40N·m，且不应大于65N·m。

（7）作业层脚手板下应采用安全平网兜底，以下每隔10m应采用安全平网封闭；作业层里排架体与建筑物之间应采用脚手板或安全平网封闭。

构配件材质：扣件进入施工现场应

检查产品合格证，并应进行抽样复试，扣件在使用前应逐个挑选，有裂缝、变形、螺栓出现滑丝的严禁使用。

（8）架体应设置供人员上下的专用通道，专用通道应符合规范要求。

2）承插型盘扣式钢管脚手架巡视内容：

（1）立杆基础要求平整、夯实，并应采取排水措施，立杆底部设置垫板；当地基高差较大时，可利用立杆0.5m节点位差配合可调底座进行调整；架体纵、横向扫地杆设置符合规范。

（2）架体与建筑结构拉接应符合规范要求，连墙件布置应靠近主节点设置，偏离主节点的距离不应大于300mm；应从底层第一步纵向水平杆处开始设置，当该处设置困难时，应采取其他可靠措施固定；架体拉结点应牢固可靠；架体竖向斜杆、剪刀撑的设置应符合规范要求；连墙件应采用刚性连墙件与建筑物连接；竖向斜杆的两端应固定在纵、横向水平杆与立杆交汇的盘扣节点处。斜杆及剪刀撑应沿脚手架高度连续设置，角度应符合规范要求。

（3）架体立杆、纵向水平杆、横向水平杆间距应符合设计和规范要求；用承插型盘扣式钢管支架搭设双排脚手架时，搭设高度不宜大于24m，相邻水平杆步距宜选用2m，立杆纵距宜选用1.5m或1.8m，且不宜大于2.1m；立杆横距宜选用0.9m或1.2m；对双排脚手架的每步水平杆层，当无挂扣钢脚手架板加强水平层刚度时，应每5跨设置水平斜杆。

（4）脚手板材质、规格应符合规范要求，铺板应严密、牢靠；挂扣式钢脚手板的挂扣必须完全挂扣在水平杆上，挂钩应处于锁住状态；当脚手架作业层与主结构外侧面间隙较大时，应设置挂扣在连接盘

上的悬挑三脚架，并应铺放能形成脚手架内侧封闭的脚手板。架体外侧应采用密目式安全网封闭，网间连接应严密；作业层按规范要求设置防护栏杆；作业层外侧应设置高度不小于180mm的挡脚板。

（5）架体构配件的规格、型号、材质应符合规范要求；钢管不应有严重的弯曲、变形、锈蚀。

（6）架体应设置供人员上下的专用通道，专用通道应符合规范要求。

3）悬挑式脚手架巡视内容：

（1）型钢悬挑梁宜采用双轴对称截面的型钢，悬挑梁尾端应在两处及以上固定于钢筋混凝土梁板结构上；每个型钢悬挑梁外端宜设置钢丝绳或钢拉杆与上一层建筑结构斜拉结，钢丝绳、钢拉杆不参与悬挑钢梁受力计算；悬挑钢梁固定段长度不应小于悬挑段长度的1.25倍。

（2）立杆底部应与钢梁连接柱固定，定位点离悬挑梁端部不应小于100mm；架体应在距立杆底端高度不大于200mm处设置纵、横向扫地杆，并应用直角扣件固定在立杆上，横向扫地杆应设置在纵向扫地杆的下方，连墙件布置应靠近主节点设置，偏离主节点的距离不应大于300mm；应从底层第一步纵向水平杆处开始设置。

（3）架体立杆、纵向水平杆、横向水平杆间距应符合设计和规范要求；纵向剪刀撑及横向斜撑的设置应符合规范要求；开口型双排脚手架的两端均必须设置横向斜撑；剪刀撑杆件的接长、剪刀撑斜杆与架体杆件的固定应符合规范要求。

（4）脚手板材质、规格应符合规范要求，铺板应严密、牢靠，探出横向水平杆长度不应大于150mm；架体外侧应采用密目式安全网封闭，网间连接应严密；作业层应按规范要求设置防护

栏杆；作业层外侧应设置高度不小于180mm的挡脚板。

（5）纵向水平杆杆件宜采用对接，若采用搭接，搭接长度不应小于1m，且固定应符合规范要求等间距设置3个旋转扣件固定，端部扣件盖板边缘至搭接纵向水平杆杆端的距离不应小于100mm；单排、双排、满堂脚手架立杆接长除顶层顶步外，其余各层各步接头必须采用对接扣件连接；扣件紧固力矩不应小于40N·m，且不应大于65N·m。

（6）作业层脚手板下应采用安全平网兜底，以下每隔10m应采用安全平网封闭；作业层里排架体与建筑物之间应采用脚手板或安全平网封闭；架体底层沿建筑结构边缘在悬挑钢梁与悬挑钢梁之间应采取措施封闭；架体底层应进行封闭。

（7）扣件进入施工现场应检查产品合格证，并应进行抽样复试，扣件在使用前应逐个挑选，有裂缝、变形、螺栓出现滑丝的严禁使用。

（8）通道：架体应设置供人员上下的专用通道，专用通道应符合规范要求。

5. 安全防护措施监理现场巡视要点

1）进入施工现场的人员必须正确佩戴合格安全帽。

2）在建工程外脚手架的外侧应采用密目式安全网进行封闭；头层墙高度超过3.2m的二层楼层周边，以及无外脚手架的高度超过3.2m的楼层周边，必须在外围架设安全平网一道；电梯井内应每隔两层并最多隔10m设一道安全网；边长在150cm以上的洞口，四周设防护栏杆，洞口下张设安全平网；脚手板下方应用安全网双层兜底，施工层以下每隔10m应用安全网封闭。

3）高处作业人员应按规定系挂安全带。

4）基坑周边，尚未安装栏杆或栏板的阳台、料台与挑平台周边，雨棚与挑檐板，无外脚手架的屋面与楼层周边及水箱与水塔周边等处，都必须设置防护栏杆；分层施工的楼梯口和梯段边，必须安装临时护栏，顶层楼梯口应随工程结构进行安装正式防护栏杆；井架与施工用电梯和脚手架等与建筑物通道的两侧边，必须设防护栏杆，地面通道上部应装设安全防护棚，双笼井架通道中间，应予以封隔封闭；各种垂直运输接料平台，除两侧设防护栏杆外，平台口还应设置安全门或活动防护栏杆。

5）板与墙的洞口，必须设置牢固的盖板、防护栏杆、安全网或其他防坠落的防护设施；钢管桩、钻孔桩等桩孔上口，杯形、条形基础上口，未填土的坑槽，以及人孔、天窗、地板门等处，均应按洞口防护设置稳固盖件；施工现场通道附近的各类洞口与坑槽等处，除设置防护设施与安全标志外，夜间应设红灯示警；楼板、屋面和平台等面上短边尺寸小于25cm但大于2.5cm的孔口，必须用坚实的盖板遮盖；楼板面处边长为25~50cm的洞口、安装预制构件时的洞口以及缺件临时形成的洞口，可用竹、木等做盖板，盖住洞口；边长为50~150cm的洞口，必须设置以扣件扣接钢管而成的网格，并在其上满铺竹笆或脚手板；边长在150cm以上的洞口，四周设防护栏杆，洞口下张设安全平网；下边沿至楼板或底面低于80cm的窗台等竖向洞口，如侧边落差大于2m时，应加设1.2m高的临时护栏。

6）结构施工自二层起，凡人员进出的通道口（包括井架、施工用电梯的进出通道口），均应搭设安全防护棚，高度超过24m的层次上的交叉作业，应设双层防护；由于上方施工可能坠落物件或处于起重机把杆回转范围内的通道，在其受影响的范围内，必须搭设顶部能防止穿透的双层防护廊。

7）梯脚底部应坚实，不得垫高使用；折梯使用时上部夹角宜为35°~45°，并应设有可靠的拉撑装置。

8）悬空作业应保证使用锁具、吊具、料具等设备合格可靠，悬空作业部位应有牢靠的立足点；悬空吊装第一块预制构件、吊装单独的大中型预制构件时，必须站在操作平台上操作，吊装中的预制构件屋面板上，严禁站人和行走；支设高度在3m以上的柱模板，四周应设斜撑，并应立设操作平台，低于3m的可使用马凳操作；绑扎钢筋和安装钢筋骨架时，必须搭设脚手架和马道；绑扎圈梁、挑梁、挑檐、外墙和边柱等钢筋时，应搭设操作台架和张挂安全网；绑扎立柱和墙体钢筋时，不得站在钢筋骨架上或攀登骨架上下；安装门、窗，油漆及安装玻璃时，严禁操作人员站在樘子、阳台栏板上操作；进行各项窗口作业时，操作人员的重心应位于室内，不得在窗台上站立，必须系好安全带进行操作。

9）移动操作平台轮子与平台连接应牢固、可靠，立柱底端距地面高度不得大于80mm；操作平台应按设计和规范要求进行组装；操作平台四周应按规范要求设置防护栏杆，并应设置登高扶梯。

10）悬挑式物料钢平台的制作，安装应编制专项施工方案，并应进行设计计算；平台的下部支撑系统与上部拉结点，应设置在建筑结构上；斜拉杆或钢丝绳应按规范要求在平台两侧各设置前后两道；钢平台两侧必须安装固定防护栏杆，并应在平台明显处设置荷载限定标牌；钢平台台面、钢平台与建筑结构间铺板应严密、牢固。

## 三、结语

（一）在采用装配式剪力墙结构的建筑中，应加强预制混凝土构件安装、预制混凝土构件与现浇结构连接节点、预制混凝土构件之间连接节点的施工质量管理，并加强预制外墙板接缝处、预制外墙板和现浇墙体相交处、预制外墙板预留孔洞处等细部防水和保温的质量控制，严格检查施工单位按照已经审批的施工组织设计和施工方案进行施工，按照相关要求编制具有可操作性的监理规划和监理实施细则，项目总监理工程师要按照规定参加相关的工程验收，将总监理工程师负责制落实到实际监理工作中。

（二）监理单位必须严格审核施工总承包单位、各分包单位安全管理人员的安全考核证书和特种作业人员操作资格证书，同时监理单位应设置专职安全监理工程师驻现场进行工程安全管理，尤其是在装配式建筑预制混凝土构件进场卸车、堆放、构件吊装、构件安装、施工脚手架、施工安全防护等方面进行重点控制，保证装配式混凝土建筑现场安全生产零事故。

（三）建筑行业的革命性调整会带动人才升级，装配式建筑已经在加速发展，传统建筑监理岗位大幅调整已经是事实，建筑监理人员面临的选择大致为两种：一是全面提升自我，跟上建筑业建设步伐；二是打开思维寻找其他出路。无论是哪种选择都有众多的困难也都需要经过无数努力才能够获得你想要的回报。建筑行业的变革只是一个起点，未来科技化、产业化、机械化普及程度会更高，对监理专业化要求也会越来越高，那么就需要我们每个监理人密切关注并进行相应技能提升，只有这样，未来监理人在装配式建筑上才能大有作为。

# 智慧工程在双江口水电站安全保障和建设中的应用

姜利东

中国水利水电建设工程咨询北京有限公司

**摘　要**：由于双江口水电站地质条件复杂，高应力且为峡谷地形，在施工建设过程中面临很多复杂的问题，传统的管理模式已经不能满足现代社会的发展需求。随着智慧工程理念的不断深入发展完善，智慧工程建设将对我国各个行业的发展产生深远而重大的影响，基于此，双江口水电站将努力建成全面感知、全面数字、全面互联、全面智能的创新工程，实现智慧工程建设目标。双江口水电站通过整体规划、系统整合和数据集中等策略，很好地解决双江口水电站在施工过程中面临的各种难题，包括提高企业运营效率、提高施工安全保障、及时改善施工环境和提高现场运输效率等，使企业效益最大化。

**关键词**：双江口水电站　智慧工程　施工安全　效益最大化

## 引言

随着我国社会经济的可持续发展，水能资源的开发日益增多，西南地区许多大型水电站相继开工建设，这些水电工程多处于深山峡谷地区，地质条件复杂，且要进行深埋地下洞室群的开挖施工，传统的管理模式和组织形态已经不能满足现代化企业发展的需求。智慧工程是在工程建设数字化建设和智能化应用之后的新型管理模式和组织形态，是先进信息技术、工业技术和管理技术的深度融合。涂扬举对如何建设智慧企业并完善智慧工程理念进行了深入的研究，并提出了智慧企业的基本概念、建设目标和管理模型等先进的思想。[1]-[3]针对双江口水电站在建设过程中遇到的技术难题，结合智慧工程理念，本文深入研究和探讨了智慧工程理念在水电站建设过程中的应用，尤其是保障现场安全施工中的应用。

随着人们对安全生产的普遍关注和国家对安全生产的重视，且新时期安全生产情况日益复杂，大型水电工程监理企业更是面临监管的施工单位多、安全生产环境复杂、工序流程复杂、危险作业点多、监理工作任务繁重等情况；大型水电工程的安全生产情况同样突出，安全生产文件、资料数据等信息急剧增加，对监理及时处理安全隐患提出了新的挑战，对安全生产管理手段提出了新要求。利用信息网络技术及时掌握安全生产动态，建立更加快速高效的监控方式，满足监理企业不同监理人员对施工现场的安全生产情况进行实时监控的需要，已显得迫在眉睫。在双江口水电站，基于智慧工程的理念应用到现场施工安全管理中，有效提高了现场人员及设备的安全保障，安全管理系统作为SJKPMS系统中一个重要的子系统，涉及安全管理的方方面面，包含目标管理、安全会议管理、安全生产投入计划、标准与规范登记、安全培训管理、设备设施管理、作业安全管理、隐患排查和治理、危险源监控、职业危害因素管理、应急预案管理、事故管理、安全奖罚管理等多个功能模块，是一个适应大型工程安全管理的信息系统，同时与工程管理系统中的其他模块有着重要的联系。

## 一、智慧工程理念概述

智慧工程是以全生命周期管理、全方位风险预判、全要素智能调控为目标，将信息技术与工程管理深度融合，通过打造工程数据中心、工程管控平台和决策指挥平台，实现以数据驱动的自动感知、自动预判、自主决策的柔性组织形态和新型工程管理模式。信息化是当今时代发展的大趋势，代表着先进生产力，监理企业要以此为契机，大力开展信息化建设，充分应用信息化手段，提升企业管理的能力和水平。智慧工程作为智慧企业的重要组成部分，其理论体系由涂扬举先生首次在其著作《智慧企业框架与实践》中进行了全面诠释。[4]

智慧工程主要特征：

（1）更加注重风险防控。

（2）更加注重人的因素。

（3）更加注重管理变革。

（4）更加注重全面推进。

智慧工程建设目标：

（1）全生命周期管理。

（2）全方位风险预判。

（3）全要素智能调控。

智慧工程管理模型：智慧工程不仅是新技术的创新与应用，更是管理体系的创新。其围绕数据的采集、挖掘、制定规则和开发应用，并做好"决策脑""专业脑""单元脑"等各种人工智能脑的业务保障和人资、党群、后勤服务等的综合保障。

双江口智慧工程主要包括：预警决策指挥中心、智能大坝工程系统、智能地下工程系统、智能机电工程系统、智能安全管控系统、智能服务保障系统、环保水保管理系统等。

## 二、工程概况与技术难题

### （一）工程概况

双江口水电站位于四川省阿坝州马尔康县与金川县交界处的大渡河上游东

源（主源）脚木足河和西源绰斯甲河汇合口可尔因以下约4km河段，坝址距马尔康县城约46km，距金川县城约45km。双江口水电站是大渡河流域水电梯级开发的关键性工程之一，双江口水库为干流上游控制性水库。坝址处控制流域面积39330km²，多年平均流量524m³/s。水库正常蓄水位2500m，堆石坝最大坝高314m。对应库容约28.97亿m³，具有年调节能力，电站装机容量2000MW。双江口水电站北为巴颜喀拉山脉南东段，东靠邛崃山脉北段，西依大雪山山脉，为横断山系北段的高山曲流深切"V"形谷，峡谷地形，区内高山主峰高程均在4300m以上，山顶与河面间岭谷高差达2110~2470m。

发电系统布置于左岸，发电厂房采用地下式，厂内安装4台立轴混流式水轮发电机组，其中地下厂房系统由主厂房、主变室、尾水调压室等建筑物组成，三大洞室平行布置，主变室布置于厂房和尾水调压室之间。尾水系统采用两机一室一洞的布置格局。其他系统包括：母线洞、主变排风竖井、出线竖井及平洞、尾调室交通洞、进厂交通洞和厂房排风洞。

### （二）地下洞室群施工面临的难题

双江口水电站投资较大，施工环境复杂，施工项目较多，高效的统一管理成为难点之一；根据SPD9平洞115m、205m、301m、400m、470m、540m、570m、640m处8组地应力测量成果，最大主应力 $\sigma_1$ 分别为15.98MPa、22.11MPa、19.21MPa、37.82MPa、27.29MPa、16.91MPa、28.96MPa、24.56MPa。其中最大主应力数值为37.82MPa，属于高应力地区，极容易发生岩爆，岩爆会造成设备及人员伤亡和

影响施工进度[5]，因此实时预警和指导现场施工进度非常重要；在施工过程中，部分洞段CO、NO等有毒有害气体浓度超标，通风系统不能及时通风或者停止通风，不能对资源最合理化利用和及时改善施工环境；地下洞室群开挖断面较多，工程较大，关键部位交通繁忙，容易造成交通拥堵，降低运输效率，增加施工成本。

## 三、双江口水电站智慧工程建设方案

### （一）智慧工程指挥中心建设

工程指挥中心下设大坝工程建管分中心、厂房工程建管分中心、泄洪工程建管分中心、机电物资管理分中心共四个分中心，登录模块页面，可以显示当日告警总数、各标段的告警数量、各等级告警数量、告警处理情况，以及当前在线人员、车辆、监控等数据，如图1所示。在该模块可以查看大坝地图，地图上可显示车辆、人物、告警、监控摄像头的位置。该模块集中网络化、数字化和智能化，作到人人互通、人机交互、知识共享、价值创造。能在最短的时间内彼此协调，形成枢纽工程安全、质量和进度等统一高效的管控体系，使施工现场安全最大化，企业效益最大化。

分类显示KPI相关情况，按安全、进度、环水保、投资、质量来显示。该平台实现各类专业口径的数据标准化，并在统一运用平台上相互交换、实时共享。点击相应按钮，就会出现各项目的详细信息。如安全KPI数据，如图2所示。

系统管理包括：待办事项、工作移交、用户管理、人员配置、角色权限配

图1 指挥中心模块页面1

图2 指挥中心模块页面2和安全KPI数据显示图

置、访问日志、集成数据统计、数据字典和后台统计。并且还有移动端权限管理和在线帮助等功能。

本平台对网络化、数字化、智能化技术进行充分应用，实现全专业、全要素智能调控。指挥中心集成集中以往分散的系统平台，消除业务系统间分类建设、条块分割、数据孤岛的现象，从而形成集中、集约的管理系统。统一平台是实现各类专业口径的数据标准化，并在统一运用平台上相互交换、实时共享，为提高企业管理效率提供支撑。

（二）施工期安全监测模块

从监理角度如何管理好大型水利水电工程建设施工作业现场的安全，在世界范围内也是摆在企业监理面前的难题。

智慧工程与传统水电工程相比，在风险预警方面，拥有更加灵敏、高效和智能的技术手段，结合风险分级预警模型及决策知识库，实现工程管控风险自动分级预警，智能制定科学、可行的决策方案，以最快的速度实现现场风险解除，提高企业整体风险管控能力。双江口水电站在相关数据、平台、应用的支撑下，实现了人、系统、设备之间的高效协作。

双江口水电站在智慧工程规划初期，建立了安全风险源识别数据库，结合大坝枢纽、环境边坡、地质灾害、水文气象等数据，汇总了所有与工程相关的风险源空间分布、诱发因素、控制手段、防范措施等内容，根据施工进展和施工面貌的阶段性变化，动态调整风险类别、等级、频率以及应急救援处置体系等要素，针对性开展施工安全风险监控、分级预警报警，及时消除安全隐患。双江口水电站应急指挥系统，通过三维技术模拟了应急救援方案和逃生空间路径规划，当出现地震、泥石流等突发事件时，可自动推送应急预案与处置方案，提供应急指挥决策支持，并通过卫星电话、远程视频等通信手段，对现场进行统一指挥和调度，将突发事件的危害降低到最小。

动态监测电站坝体、隧洞、岩基等关键部位稳定情况，准确感知施工过程中的各种异常现象，及时提供预警预报信息。双江口水电站共分为三级告警，各级用户关注的告警事件如图3所示。

该模块在三维地质模型中可以集中展示微震监测数据、围岩应力监测数据和变形收敛观测数据等。具体操作如下：首先把各个等级的指标和对应的措施输入该模块中，再把微震监测数据、围岩应力监测并将数据和变形收敛监测数据进行实时监测并将数据自动化、无线传输或者在尽可能短的时间内输入该模块，通过该模块系统自动综合分析后，得出岩爆或者掉块等级，提示预警，并根据告警等级逐层上报。领导分派任务到各部门，相应部门提出对应措施指导现场施工，可以在最短的时间内解决现场安全隐患，提高施工安全保障。通过APP及其他高科技平台实现人、系统、设备之间的高效协作。通过建设自动识别、智能管控体系，实现风险识别自动化、风险管控智能化，如图4所示。

（三）施工期环境监测模块

双江口水电站工程由于地下洞室多，相互交错，开挖断面多，且为典型的爆破开挖施工环境，因此洞室群中气体成分复杂，且含有 $CO$、$H_2S$、$NO$ 和 $NO_2$ 等有害气体。及时通风降低有害气体浓度但是又不浪费电资源符合国家节能减排的政策，也符合企业的利益。现场对传感器监测数据进行实时测算，并

图3 各用户关注的告警事件示意图

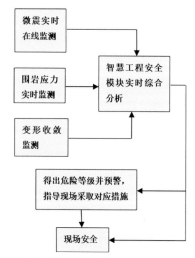

图4 智慧工程安全平台示意图

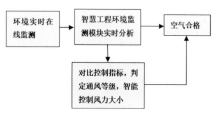

图5 智慧工程环境监测示意图

实时传输传感器检测数据至后方环境监测模块，对比控制指标，实现智能通风，及时改善地下洞室群的施工环境，如图5所示。智慧工程具备自动管理能力，形成一种全新的管理模式，把复杂的事情简单化，及时有效地解决难题。

（四）施工车辆实时定位监控模块

对可能拥堵路段，在岔口布置视频监控或 RFID 监控，通过图像识别或 RFID 监控流量。洞内施工车辆通过智慧工区的 WIFI 基站进行定位。洞外车辆定位采用 GPS 监控。及时预警并通知现场车辆，避免有更多车辆在拥堵段停留，造成运输效率降低，运输成本增加；宽度较窄的洞室，可以通过 WIFI 基站定位后，如果两车在较窄的洞段不能错车，应及时通知车辆，安排通过顺序，查看车辆信息和轨迹如图6所示。实现了人人互通、

人机交互、知识共享、价值创造。

## 四、结语

在智慧工程理念指导下，双江口水电站将努力建成全面感知、全面数字、全面互联、全面智能的创新工程，实现智慧工程建设目标。工程建设周期缩短，施工安全保障最大化，企业效益最大化。

智慧工程指挥中心模块、施工期安全监测模块、施工期环境监测模块和施工车辆实时定位监控模块是双江口水电站智慧工程的重要部分，也是建设双江口智慧水电站的重点和难点，这些模块建成后，对双江口水电站的建设起到了关键性作用，包括提高企业运营效率、提高施工安全保障、及时改善施工环境、提高现场运输效率，且为其他大型工程的建设起到了很好的借鉴作用。在智慧工程理念的指导下，双江口的管理模式一直在不断地改进完善中。通过积极研究和探索，双江口水电站在后期的建设

中将继续利用新技术，变革自身的生产、经营和管理模式，以适应智慧化的发展趋势和潮流。

双江口水电站基于智慧工程理念，集中网络化、数字化和智能化，通过 APP 及其他高科技平台实现人、系统、设备之间的高效协作，可以在最短的时间内解决现场安全隐患，提高施工安全保障。安全生产信息化能够从根本上推进企业本质安全发展，是新时期提高安全生产技术水平及管理水平的重要途径和必然选择。

参考文献

[1] 涂扬举. 建设智慧企业，实现自动管理 [J]. 清华管理评论，2016，10：29-37.
[2] 涂扬举. 水电企业如何建设智慧企业 [J]. 能源，2016，8：96-97.
[3] 涂扬举. 智慧企业建设引领水电企业创新发展 [J]. 企业文明，2017；1：9-11.
[4] 涂扬举，郑小华，何仲辉等. 智慧企业框架与实践 [M]. 北京：经济日报出版社，2016.
[5] 赵周能，冯夏庭，陈炳瑞等. 深埋隧洞微震活动区与岩爆的相关性研究 [J]. 岩土力学，2013，34（2）：491-497.

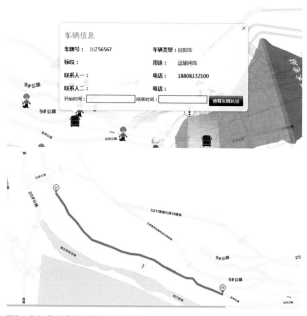

图6 车辆信息和车辆轨迹示意图

# 正确定位水电工程监理　发挥大型项目监管作用

关兵　陈玉奇

中国电建集团贵阳勘测设计研究院有限公司

摘　要：自工程监理制度实行以来，水电工程最早并推广工程监理。多年来，监理单位（监理机构）在大型水电工程施工阶段施工质量、工程进度、合同费用支付三项合同目标控制，施工安全、施工环境保护两项合同目标监督，工程信息、合同商务两项管理，以及工程承建合同履行过程中的监理协调等工作推进出色，并建立了良好信誉。其中，工程监理依据法规、规范、行业标准合同文件等开展，落实工程风险控制、推进技术进步，尤其监理单位（监理机构）定位准确，重视合同，在工程技术管理与协调过程及时解决问题，推动了项目管理实践、推进了工程建设安全发展，为水电工程监理事业发展打下了坚实基础。本文就水电工程监理定位、工程建设合同目标推进、信息管理所发挥的监理作用进行说明。

关键词：水电工程　项目管理　工程施工监理　重要作用

工程建设监理制度从云南鲁布革水电站试行开始，逐步向各工程建设领域推广。水电工程施工监理经历广州抽水蓄能电站、雅砻江二滩水电站等工程先行先试工程师制度；长江三峡水电站工程，规范践行了《中华人民共和国建筑法》对监理制度的要求，推广了水利水电工程建设监理的工作形式及内容；四川雅砻江锦屏水电站，同期建设的其他大型水电工程建设，在高坝、超埋深长大隧洞群的世界级工程建设管理方面赋予了监理管理工作新的内涵，工作体系文件日臻规范性与针对性；随着国家推进能源建设，通过多年的工程实践和监理工作经验的积累，在金沙江中游的白鹤滩、乌东德水电站，上游叶巴滩、苏洼龙等水电站，雅鲁藏布江DG水电工程施工监理工作体系增强了适应性，实践应用中创新了监理控制与协调管理的方式和方法。水电行业堪称是执行工程建设监理规范及规定的典范行业。

作为水电工程监理，在经济新常态下发挥大型水电工程监理作用所带来的新挑战：大中型水电站建设减少而出现僧多粥少、总承包工程监理需要考虑专业跨度管理事宜、工程建设全过程咨询对监理单位的资源配置及资质等级要求更高、监理市场恶性竞争及监理费用依旧较低……但是，作为最早实施施工期监理工作的工程行业，阶段水电监理市场得到一定延续，监理企业仍然正在大刀阔斧地布局行业内外；解决技术难题的能力有目共睹，依然享有创新话语权，"重要作用"备受瞩目。

## 一、水电工程监理的定位

（一）工程监理是一种工程建设管理方法，还是一门工程项目管理科学

实行工程监理制是我国工程建设管理体制改革的重要举措，也是积累经验为实行与市场经济发育国家工程建设管理体制接轨的重要步骤。

工程监理是为工程项目建设服务的，鉴于大型水电工程具有规模大、工期长、施工强度高、技术问题复杂等一系列特点，大型水电工程建设和管理要

求工程监理具有更高的起点。

水电工程项目建设管理是一个庞大、复杂、多专业和多条件综合的系统，要求工程建设管理者更多地以定量而不仅是定性的、科学分析而不仅是依靠经验的、过程追踪而不仅是事后评价的工作方式来进行。国有企业承担大型水电工程监理过程中，不仅是把工程监理作为一种工程建设管理的方法，更重要的是把工程监理作为一门工程建设项目管理的科学，除充分发挥监理人员的工程技术和现场施工管理经验外，还着重于采用系统分析、网络计划技术、风险评价、数理统计分析、工程经济、工程控制、价值工程、运筹与决策等学科方法，以不断提高工程监理的科学化、规范化管理水平。

（二）大型水电工程监理是项目法人委托的工程承建合同管理者

工程监理制同业主责任制和招标承包制一样，是市场经济的产物。市场经济是法律经济，是竞争经济，也是信用经济。FIDIC《土木工程施工合同条件》规定由业主委托，工程监理单位对合同目标进行控制，并要求工程监理单位对工程承建合同实施全过程进行监督的合同条件。《中华人民共和国标准施工招标

文件（2007年版）》"通用合同条款"正式条文共分24节、131条、295款。其中涉及监理人职责或权限的部分分别占24节、79条、136款。它对监理人的职责、权限，以及对于合同目标控制和合同管理工作中应履行的义务作出了详尽的规定。

工程监理是为实现项目法人工程项目建设目标，使项目法人获取更大的投资效益，受项目法人委托对工程项目实施过程所进行的工程管理策划、工程实施组织、合同目标控制与协调工作。承建单位作为工程项目的实施者，应以足够的责任能力和自身的商业信誉作为保证，切实履行合同义务，包括遵照合同条件规定，接受工程监理单位或其监理机构的监理，确保工程建设目标按合同约定的时间和质量要求完成。业主作为工程项目采购方应以提供合同条件和商务支付的能力作为保证，切实履行合同义务，包括尊重工程监理单位所作出的判定。

大型水电工程施工过程中，工程监理单位对工程项目管理的权限是工程项目法人通过工程承建合同和工程监理合同文件授予的。工程承建合同条款规定，对涉及工程施工的任何事项，承建单位

应遵守并执行监理单位的指示，项目法人对工程承建单位的指示通过工程监理单位或其监理机构下达和贯彻执行，工程承建单位对项目法人的请示和要求必须通过工程监理单位或其监理机构审查和传递。确保工程项目建设依据工程承建合同文件所确定的程序、方法、标准、计划目标进行，是工程承建单位的合同义务。

大型水电工程按照法规规定实行全面的、全过程的工程监理。在工程施工过程中，项目法人除保留如资金筹集、征地移民、合同发包、合同变更、财务支付、施工过程重大事项最终决策、完建项目的接收与运行管理等重大工程项目管理权限以外，授予工程监理单位充分的合同目标控制、现场施工管理与协调等各种必须的权限。

大型水电工程建设工期长、施工单位多、施工环境和外部条件复杂，工程承建合同履行过程中发生争端是不可避免的。大型水电工程承建合同争端所涉及的内容，主要为施工地形地质条件变化、业主提供条件变化、工程控制性进度计划调整、施工程序和施工手段变化、施工质量检验手段和标准变化，以及标外项目施工干扰等。由于工程监理单位对工程施工和合同履行过程有更直接、更全面的了解优势，因此，工程项目法人和工程承建单位更乐于接受工程监理单位或其监理机构对合同争端的调解。

由于项目法人的充分授权，也由于项目法人、工程监理单位和承建单位所具有的较高的合同意识和履约能力，更由于水电工程监理合同和工程承建合同比较完备，因此，在大型水电工程建设过程中，工程监理单位实质上处于业主

委托的工程承建合同管理者和工程承建合同关系协调人地位，为工程建设的顺利进展创造了良好的合同环境条件。

二十余年的工程监理实践表明，工程监理制作为一项重要制度在大、中型水电工程建设项目中全面推行，取得了提高工程质量、加快工程进度和节约工程投资等明显的效益。通过监理单位的努力，基本实现了项目法人和承建单位之间未发生寻求通过仲裁和司法途径解决合同争端的情况。

## 二、工程建设合同目标推进

### （一）工程建设合同目标推进协调

工程施工过程中，施工实际条件的变化、不同标段或项目施工之间的干扰、实施过程中发生合同目标偏离、项目法人与工程承建单位关系的调整等或多或少不可避免。依据工程承建合同授予的权限及时进行协调，是工程监理单位及其监理机构推进工程顺利进展和促进合同目标实现的重要手段。

监理单位或现场机构根据项目法人授予的权限和工程承建合同文件规定，在合同工程开工前建立各项监理协调制度，明确监理协调的程序、方式、内容和合同责任。协调工作以合同文件为依据，在充分尊重工程建设各方和尊重事实的基础上，由监理机构依据其独立的技能和独立的判断进行，在监理协调过程中公正地维护工程建设各方合同权益，体现工程建设各方权益。

水电工程监理的协调包括依据工程承建合同文件所进行的以工程建设各方为对象的外部关系协调，以及依据工程监理单位服务保证要求和工程监理机构管理规定所进行的，为提高监理机构服务水平和推进合同目标控制成效的监理机构内部工作关系协调两种。外部关系协调是推进工程建设目标的重要手段之一。

依据合同，监理机构外部协调的主要内容包括：工程界面协调、合同目标协调和合同关系协调三项。但随着工程建设管理的改革，部分业主单位引入工程施工质量复核第三方，相关第三方在施工质量复核工作过程与复核结果的处理过程方面，在监理合同条款中，第三方与监理机构的关系约定常常不明晰，但监理机构为第三方复核工作过程仍应发挥现场协调管理职能，并督促承包人对第三方复核施工质量发现的问题进行处理。

施工过程中，监理机构根据需要定期召开监理协调会议，对上次协调决定的落实与工程进展进行检查，对本阶段工作进行研究，经各方充分协商后对需要解决的问题及时作出决定。与此同时，监理机构还应择机根据项目法人、设计单位、承建单位及其他有关方要求，及时召开专项或专题协调会议，以及时发现和解决施工进展和合同履行过程中的各种矛盾。

协调工作贯穿工程建设整个过程，特别是工程开工、工程建设高峰期的会议协调、专题研究、及时协调，最大限度发挥监理协调职责，能够及时化解各种矛盾，避免重大合同争端的发生，并推进监理项目施工的顺利进展。

特别是在西部地区建设大中型水电工程，建设环境高程高、交通不便；要适应国家地方扶贫战略，也管理地方政府与百姓共同参工参建事宜等。尽管业主单位研究对策以正确处理相关事务，但监理单位也要有高度的使命感和责任感，监理机构人员应本着"对工程负责，对业主单位负责，对监理单位负责，对自己负责"的态度，履职尽责，更需要认清形势，提高认识和政治站位，参与工程建设合同目标推进协调与合同问题处理。

在西部地区大型水电工程建设期间，监理单位或监理机构配合业主单位推进落实先移民后建设，环保项目建设与工程建设同步的国家政策。对于永久征地滞后、开工时间推迟等，监理机构应积极参与并做好过程记录大事记。对于施工图图纸供应不及时、甲供材料供应不及时等因发包人提供条件不足而导致的延误，按照合同约定按发包人的工期延误，协助完成合同变更处理；对于开挖爆破材料供应限制及当地居民限制爆破开挖时段等产生的影响，对照合同条件约定的变更范围，提供变更审议意见。

### （二）合同问题处理经验积累

监理单位受业主单位委托作为工程承建合同管理者，同时也是业主单位与工程承包人通过合同文件约定的合同关系协调人。遵循业主单位与承包人的立约本意，按工程承建合同文件规定，监理机构或总监理工程师及时地协调双方关系，在充分掌握事实和与双方充分协商基础上，谨慎而公正地对各方应承担的责任与风险作出判定和分配。

关于风险处理。合同问题协调过程中，不得变更业主单位与承包人之间的合同义务与合同责任，行使协调权力也不得超越业主单位授予的权限，和违反工程承建合同文件的规定。当业主单位与承包人之间发生合同纠纷时，监理机构应认真听取双方的意见，对合同纠纷的发生原因和发展过程进行事实澄清，独立、公正地作出判断，并在分别进行协商基础上再进行双方协调工作，力求双方意见达成一致。如果合同双方在合同规定的时限内，均未提出异议，则监理机构或总监理工程师的决定对双方均有约束力，监理机构协调合同双方遵守执行。

对于大中型水电工程产生了重大工程条件变化的，分析工程条件变化成为监理工作的重要内容。工程施工因工程地质条件、外围环境等带来的较大条件变化，监理机构应在施工过程中收集基础资料、做好过程记录，根据需要开展工期评价、工效测算等工作。事实证明，依据合同规定提交明确的监理确认意见、处理方式建议等，对涉及条件变化的合同问题处理，既是基础资料，也是重要依据。

特别是西部地区工程建设，因施工条件变化带来较多的商务问题，需要付出更多的努力处理一般情况、特殊情况。其中，工程建设过程中遇到的设计变更、施工降效补偿，工期延长增加保险费、临时征地费、现场管理费，征地费用标准变化的补偿，窝停工补偿标准诉求等，与工程界常规的合同问题处理基本相同。但遇复杂工程地质问题处理费用、气候变化与地质灾害影响增加费用、地方治安类费用等情况时，处理应谨慎，处理过程应多方取经，及时总结。处理的经验有：

①复杂工程地质问题处理增加的措施，需要加强技术管理工作。特别是合同工程地质问题复杂，而前期勘测工作难于达到规定阶段深度的，且工程施工期间设计以动态方式提供设计要求、依据的，需要从技术分析上对工程地质问题处理予以成文告示：地质问题是否存在突发性，危害程度大小，应对安全风险、处理安全隐患相关措施的合理流

动性等，必要时组织召开专题会议、咨询会议明确危险程度、处理方法。根据现场实际情况，监理机构采取专门通知、专题会议等方式，明确开挖临时加强支护措施，重要的工程措施，及时组织参建各方于现场议定补充。此工作方式，既弥补设计对临时支护措施的局限性，又减少参建各方的施工安全风险及由此可能产生的合同责任。在重大合同条件变化带来的商务问题处理期间，监理机构在授权范围组织相关单位参加合同例会、合同条件变化处理专题会议协商，及时解决或努力减少施工过程和合同履行中的矛盾与纠纷，保证合同目标的实现。

②气候变化与地质灾害影响增加费用。监理机构及时配合保险合同双方参加相关方受损情况核实，提交监理核实资料，参加过程谈判并提出监理机构意见，促成保险理赔顺利进行，最终费用赔付协得以达成一致意见。

③地方治安损失费用。配合业主单位运用国家法规、地方法规，并从政治站位出发处理，必要时，从多角度考虑工期与费用分担。

④对高程高、气候条件恶劣的大型水电工程，出现人、材、机消耗量较大，且合同定额无类似参考的特殊项目，应由业主单位、监理单位、承包人、设计单位共同参与开展部分经济分析，用以评价此类特殊项目造价的合理性。根据需要开展经济分析活动，对超出合同预期的项目进行工效分析、费用计算分析等，用以支持合同商务协商决策。

## 三、发挥信息管理作用

工程信息是项目法人、监理单位及

其监理机构决策的依据，也是监理机构协调各方关系的重要媒介。大型水电工程建设中，与工程监理单位目标控制相关的工程信息来自于地方政府、项目法人、设计单位、承建单位和工程监理单位及其监理机构自身。在工程监理中，监理机构通过工程信息来进行决策并在监理决策和监理工作过程中产生监理信息。而工程信息的真实、及时、完整、准确则是影响决策效果的重要因素。

（一）正确把握信息工具推进工程建设管理工作

规范管理信息，有利于工程目标推进，有利于协调问题解决。合同文件及业主单位制度性文件规范了监理机构对业主单位及承包人往来文函的审批及报送时间，也规定了监理机构信息及监理文件的提交时间：监理文件的送达时间以承包人授权部门与机构负责人或指定签收人的签收时间为准。

承包人对收到的监理文件有异议，一般可于接到该监理文件的 7 日内，向监理机构提出要求确认或要求变更的申请。监理机构应于 7 日内对承包人提出的确认或变更要求做出书面回复，逾期未予回复可视为监理机构予以确认。

承包人如对监理文件或监理机构的确认意见有异议，可于该文件或确认意见送达后的 7 日内向业主单位申请复议，并承担由此而产生的一切费用与损失。

若承包人对监理文件（包括监理机构的确认意见）或业主单位的指示（包括其复议意见）有异议，由总监理工程师组织相关单位友好协商寻求合理解决。若经协商仍未能取得一致意见，业主单位和承包人任何一方均可以书面形式提起合同争议，并将提请争议决定抄送对

方和监理机构。

除非监理机构或业主单位复议指示，或通过合同争议程序对监理文件做出撤销、变更或修改，否则在确认、复议、争议期间，原已送达的监理文件继续有效。

上述这些时间及可能产生的影响，监理机构相关人员应正确把握。特定情况下，合同双方将这些时间作为保护自己、制约他人的法宝，此时，监理机构必须谨慎，相关问题处理应以不制约工程总体推进为要。

（二）改进手段保证信息工程快捷完善

监理机构宜建立专门的档案室，随监理工作进行和施工过程开展组织工作，避免因工程施工时间长、人员流动带来资料不齐全、难签署方面的困扰。同时督促承包人建立健全工程技术档案管理制度，按工程承建合同规定做好工程施工档案管理，做好工程实施过程与合同履行中工程资料、档案的搜集、整理和总结工作。

大型水电工程建设工程监理中，监理单位与现场监理机构宜建立自身的计算机局域网、信息处理系统和现场信息采集手段。监理机构需将工程信息的收集与管理由专门的机构执行。在完善相关分级管理的制度的基础上，对经过整理发送信息、重要监理文件，通过内部管理办法、合同程序，予以确认、变更或撤销。

网络一体化办公，实现精细化、标准化、规范化、智能化、自动化平台，达到所有信息文件通过网络或局域网信息管理平台处理完成（传阅、审批、审阅、修改、发布公告、手机信息等），最大限度地提高公文处理进程，提高办公

效率。与传统的传阅处理方式相比，有效地避免了文件传阅过程中丢失、滞后等现象，使办公更加方便、快捷。

在工程项目验收前，监理机构对工程承包人提交的工程施工档案做好预审预验工作。对预审预验不合格部分，及时指令工程承包人整改、重新整理与整编。

完善的信息管理制度，规范的信息管理工作，促进了工程信息功能的发挥与监理信息管理制度的完善。严密的工程监理和信息管理，能够加快工程验收进度。正如四川锦屏水电工程一样，工程建设投产后，两年内完成水电工程八大验收，进度快捷、质量好，得到验收专家好评，树立了业界典范。

## 四、结语

我国工程项目管理进入了新的阶段，呈现出了既规范又多样化的发展态势。工程建设中，既有融资、投资、带资建设的项目管理形式，又有设计、施工、采购一体化的项目管理模式，还有专业化咨询公司代业主进行项目管理的新方式。为贯彻落实中央城市工作会议精神和国办发〔2017〕19号《关于促进建筑业持续健康发展的意见》，住建部发出《关于促进工程监理行业转型升级创新发展的意见》（建市〔2017〕145号），鼓励监理企业立足于施工阶段监理的基础上，向"上下游"拓展服务领域。这些都必将进一步推动工程项目管理理论研究和实践应用的再度创新与新走向，监理单位将在工程建设或项目管理过程中获得更多的机会。

依据国家发展规划，建筑业发展"十三五"规划提出了以推进建筑业供给

侧结构性改革为主线市场规模5大目标，其中包含全国工程勘察设计企业营业收入年均增长7％；全国工程监理、造价咨询、招标代理等工程咨询服务企业营业收入年均增长8％；国家能源建设"十三五"规划水电方面新增6000万kW；"西电东送"能力不断扩大，配套完善体制机制，推进水电建设市场化；总结金沙江水电开发协调工作经验，研究建立西藏水电开发协调机制，促进藏东南水电基地开发。据此，高、艰、难的水电开发迎来又一契机，保持良好信誉的水电监理单位也将有一席之地，发挥更大的作用。

监理单位将继续遵循守法、诚信、公正、科学的准则，独立自主地开展工程监理工作，公平地维护建设单位和承包人的合法权益。

随着国家推进全过程咨询服务工程建设管理，完善监理取费标准或定额等系列制度，必将为建立人才大市场提供条件。届时，设立监理人才库，为监理工程师和监理单位提供人才交流的平台，提供监理工程师和监理单位双向选择、择优录用条件，这些必将提高工程建设监理的整体水平。

水电行业监理通过能力提升，一定能够更多、更好地为大中型水电工程建设服务。

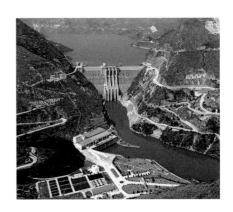

# 十年磨一剑，生物安全"航母"载誉启程
## ——国内唯一的大动物最高级别生物安全实验室工程监理经验浅析

刘禹岐

京兴国际工程管理有限公司

**摘　要：** 最高级别生物安全实验室被誉为生物安全领域的"航空母舰"，是国家烈性动物传染病、人畜共患病防控，国家公共卫生安全以及生物防恐的重要保证。在此工程之前，国内没有设计、建设此类实验室的先例。该实验室作为我国首次自主设计建设的最高级别生物安全实验室，具有明显的中国特色，已经达到国际标准，具有完全的自主知识产权，填补了这个领域国内的空白。

**关键词：** 生物安全实验室　安全等级　工程监理　监理经验

## 引言

本工程是国内首家通过验收的中国唯一的大动物最高级别生物安全实验室，是目前全球已建成的 4 个大动物生物安全四级设施之一。该实验室可开展包括马、牛、羊、猪、禽类及鼠、猴等常规实验动物在内的所有动物感染试验。2017 年 5 月 31 日，《科技日报》公布的 2016 年度全国社会发展科技创新"双十"成果中，该实验室被列为突破性成果。

2018 年 1 月 19 日和 1 月 29 日，该工程已通过了农业部验收和中国合格评定国家实验室认可委员会的认证，正式投入运行。2018 年 7 月获得中国合格评定国家认可委员会（CNAS）认可。这标志着我国在生物安全领域又有了一个可以承担世界上最危险病原体研究任务的设施，它将成为我国动物烈性传染病、突发急性传染病防控科学研究基地、烈性病原的保藏中心和高等级生物安全实验室体系重要区域中心和创新中心。

## 一、生物安全实验室简介

生物安全实验室，也就是生物实验室，是进行与生物科学相关实验的场所。依据实验室所处理对象的生物危险程度，把生物安全实验室分为四级，其中一级对生物安全隔离的要求最低，四级最高。根据其密封程度的不同，国际上将其分为 P1、P2、P3 和 P4 共四个生物安全等级。"P"是英文 Protect（保护）的缩写。第四级即 P4 实验室是生物安全最高等级，可有效阻止传染性病原体释放到环境中，同时为研究人员提供安全保证。

P4 实验室是依据密封程度的不同进行分级，等级和安全性最高的生物安全实验室，也是全球生物安全最高级别的实验室。从事致病性微生物实验的单位，作为各类传染病菌（毒）研究操作的基本单元，实验室必须有防止致病性微生物扩散的制度和人体防护措施；不同危害群的微生物，必须在不同的物理性防护条件下操作，一方面防止实验人员和其他物品受污染，同时也防止其释放到环境中。

## 二、工程概况

国家动物疫病防控高级别生物安全实验室工程用地面积 6038m²，总建筑面积 15384m²，结构类型为框架剪力墙结构，抗震设防烈度为 6 级设计 7 级防护，框架抗震等级为 3 级，耐火等级

地下室为一级、地上为二级。地上 3 层（局部 4 层），地下 1 层，其中一、二、四层层高 3.6m，三层层高 4.9m，地下层高 7.2m，合同额约 3.8 亿元。该工程由中国农业科学院哈尔滨兽医研究所建设，中国中元国际工程有限公司设计，中国核工业华兴建设有限公司施工，京兴国际工程管理有限公司监理。

## 三、监理工作前期阶段

### （一）制定详细监理计划

该工程是国内第一家最高级别动物实验室，没有可借鉴的类似工程经验，存在诸多困难和风险。且工程结构设计复杂，对气密性、洁净度要求较高，预留预埋件埋设位置要准确，不得遗漏，国外进口设备型号繁多，与总包、专业分包和设备厂家协调工作量大。其中，生命维持系统、高压灭菌器、传递窗、化学淋浴、活毒废水处理器、组织处理器、穿墙气密盘等设施设备是首次运用到国内实验室的实际工作之中。

这就需要项目监理机构详细制定监理计划，确保其后续工程监理落实能够具备目的性和方向性，避免在任何环节中可能出现的偏差隐患。制定有效的监理计划，首先需要明确各个方面的监理目标和任务，并且逐步将这些目标和任务进行细化，如此就能够保障相应监理工作较为清晰的落实，提升其流畅性。当然，为了更好地保障监理计划推进落实，往往还需要重点加强对监理责任制度的完善，将监理计划中的具体任务和监理人员进行匹配，如此也就能够通过绩效考核以及相关惩罚制度进行约束，确保工程监理能够落实到实处，避免存在较为明显的应付问题。

### （二）监理对人、机、料的检查

由于高级别实验室工程结构的特殊性，前期的人、机、料准备工作较传统模式施工要更加细致，因此监理对施工单位的检查也应更加细致，比如，对结构施工工人，由于对施工的安全性和专业性均有一定要求，因此检查施工单位是否进行了相关的安全及技术交底，确保工人熟练操作尤为重要。

## 四、监理实施阶段

工程实体施工阶段是监理工作量最大，也是最能体现监理服务水平和质量的阶段。为切实提高工程实体施工质量，减少质量通病的出现，项目监理机构工作的主要内容如下：

### （一）合同管理

建设工程合同涵盖了工程建设的所有内容，并贯穿于工程建设的全过程。在工程建设的各个阶段，都必须用合同来明确和约束建设单位与参建各方的责任、权利和义务。由于工程的建设规模不同、建设周期长短不一、技术复杂程度各异，以及施工承包方式、设备材料采购供应方式不同，建设工程合同类型、范围、条件的选择依据也各不相同。合同管理的主要内容有：

1. 项目监理机构可根据工程特点、协助建设单位确定合同类型，选择合同条件，准备合同文本；协助建设单位签订工程有关合同文件。

2. 项目监理机构可根据工程特点、工程设计文件及监理合同约定对合同管理目标进行风险分析，并提出防范性对策。

3. 项目监理机构应确定合同管理制度、程序、方法和措施，明确合同管理

人员及岗位职责，落实合同管理责任。

4. 项目监理机构应组织合同交底，跟踪和检查有关合同的执行情况，发现问题及时处理，避免合同争议，提高合同履约率。

5. 项目监理机构应处理合同变更及索赔，及时解决合同有关争议。

6. 项目监理机构应建立协调和沟通制度，促进工程参建各方相互支持与合作，积极应对工程实施过程中所遇到问题。

7. 项目监理机构应做好合同信息的记录、搜集、整理和分析工作。

8. 项目监理机构可协助建设单位按施工合同约定，处理施工合同终止的有关事宜。

9. 项目监理机构可组织合同评价，总结合同签订和执行过程中的经验教训，并编写总结报告。

### （二）质量控制

项目监理机构应根据建设工程监理合同约定，遵循质量控制基本原理，坚持预防为主的原则，建立和运行工程质量控制系统，采取有效措施，通过审查、巡视、旁站、见证取样、验收和平行检验等方法对工程质量进行控制。质量控制的主要内容有：

1. 项目监理机构应审查施工单位报审的施工组织设计，符合要求时，应由总监理工程师签认后报建设单位。项目监理机构应要求施工单位按已批准的施工组织设计组织施工。施工组织设计需要调整时，项目监理机构应按程序重新审查。

2. 工程开工前，项目监理机构应审查施工单位现场的质量管理组织机构、管理制度及专职管理人员和特种作业人员的资格。

3. 总监理工程师应组织专业监理工程师审查施工单位报送的工程开工报审表及相关资料；满足规定的条件时，应由总监理工程师签署审核意见，并应报建设单位批准后，总监理工程师签发工程开工令。

4. 项目监理机构可根据工程特点、施工合同、工程设计文件及经过批准的施工组织设计对工程质量目标控制进行风险分析，并提出防范性对策。

5. 分包工程开工前，项目监理机构应审核施工单位报送的分包单位资格报审表，专业监理工程师提出审查意见后，应由总监理工程师审核签认。

6. 项目监理机构应定期召开监理例会，并组织有关单位研究解决与监理相关的问题。项目监理机构可根据工程需要，主持或参加专题会议，解决监理工作范围内的工程专项问题。

7. 总监理工程师应组织专业监理工程师审查施工单位报审的施工方案，符合要求后应予以签认。

在核心区主要的工作是环氧树脂、聚氨酯施工，因为该工作质量的好坏直接影响三、四级实验室日后使用功能及安全功能。就施工专业分包单位资质、管理人员、特种作业人员资格进行审查，并审查施工方案，确保施工中与其他专业施工中的工序交叉作业顺利实施。聚氨酯7道工序、环氧树脂7道工序，每一道工序必须经监理人员验收合格，才能往下继续进行。

8. 专业监理工程师应审查施工单位报送的新材料、新工艺、新技术、新设备的质量证明材料和相关验收标准的适用性，必要时，应要求施工单位组织专题论证，审查合格后报总监理工程师签认。

9. 专业监理工程师应检查、复核施工单位报送的施工控制测量成果及保护措施，并签署意见。专业监理工程师应对施工单位在施工过程中报送的施工测量放线成果进行查验。

10. 专业监理工程师应检查施工单位为工程提供服务的实验室。

11. 项目监理机构应审查施工单位报送的用于工程的材料、构配件和设备的质量证明文件，质量证明文件包括出厂合格证、质量检查报告、性能检测报告以及施工单位的质量抽查报告，并应按有关规定、建设工程监理合同约定，对用于工程的材料进行见证取样、平行检验。

项目监理机构对已进场的、经检验不合格的工程材料、构配件和设备，应要求施工单位限期将其撤出施工现场，并进行见证和记录，留存相关影像资料。

12. 专业监理工程师应审查施工单位定期提交的影响工程质量的计量设备检查和检定报告。

13. 项目监理机构应根据工程特点和施工单位报送的施工组织设计，确定旁站的关键部位、关键工序，安排监理人员进行旁站，并应及时记录旁站情况。

14. 项目监理机构应安排监理人员对工程施工质量进行巡视。

在普通区装饰装修工程中，项目监理机构各专业监理人员首先应审查施工单位编制的施工方案、施工方法、施工措施、施工机械等，是否能够满足施工质量要求，是否具备满足环境要求的措施。其次对施工过程进行检查，在吊顶工程施工中，检查吊点位置间距、膨胀螺栓是否安装牢固、轻钢龙骨隔墙横竖主次龙骨连接及与结构连接等环节。对墙面、地面、石材铺设中宜出现的空鼓

问题进行仔细交底，避免出现质量问题。

15. 项目监理机构应根据工程特点、专业要求，以及建设工程监理合同约定，对施工质量进行平行检验。

在结构施工中存在的难点是在混凝土墙面、楼板上预留预埋件埋设，在此类实验室建设中，要求不得在已完成结构上随意开洞，这与普通建筑有着本质的区别。结构工程施工中存在的另一难题就是一层核心区剪力墙与结构断开，并事先预留不锈钢板，最后采用300mm不锈钢板饰面焊接。该设计方案是为了确保结构有较好的变形能力，防止结构破坏。变形缝不锈钢板焊接长度6600m，采用氩弧焊焊接，并要求不能存在漏焊。在此基础上进行聚氨酯、环氧树脂涂料施工，并且要求墙面涂料施工进行7遍涂饰，每道涂饰材料必须配制准确，涂刷厚度均匀，不得出现气泡、流淌现象。

电气工程上采用了矿物绝缘电缆，其优点是防火，本身不会引起火灾，不可能燃烧或助燃，熔点可达1083℃，并且还具有载流量大、防水、防爆、防腐、耐高温、耐损伤等特性，缺点是电缆强大、不易安装，而穿墙密闭盘要求穿过的电缆规格必须控制在1~3mm之间，这就给生产厂家加工制作、施工安装带来较大困难；智能建筑工程中，智能化集成程度高，与工艺设备联系密切，并且压力梯度要求严格，调试难点大，为保证安全，实验室控制部分采用双机热备冗余控制，且设备层网络与工作网络物理隔离；给排水及暖通工程中，排水管采用316L不锈钢加厚管道，每条管道必须安装隔膜阀控制，焊缝100%进行检测，而且使用生物安全密闭地漏。核心区为负压区，

在 -20~-150pa 之间，依靠空调机组送排风量控制，通风管道采用 304 不锈钢钢板制作安装，密闭性严格，采用压力试验方法检测。

16. 项目监理机构应对施工单位报验的隐蔽工程、检验批、分项工程和分部工程进行验收，对验收合格的应给予签认；对验收不合格的应拒绝签认，同时应要求施工单位在制定的时间内整改并重新报验。

17. 项目监理机构发现施工质量存在质量问题的，或施工单位采用不适当的施工工艺，或施工不当，造成工程质量不合格的，应及时签发监理通知单，要求施工单位整改。整改完毕后，项目监理机构应根据施工单位报送的监理通知回复单对整改情况进行复查，提出复查意见。

18. 项目监理机构应审查施工单位提交的单位工程竣工验收报审表及竣工资料，组织工程竣工预验收，对工程实体质量情况及竣工资料进行全面检查。存在问题的，应要求施工单位及时整改；合格的，总监理工程师应签认单位工程竣工验收报审表。

19. 工程竣工预验收合格后，项目监理机构应编写工程质量评估报告，并应经总监理工程师和监理单位技术负责人审核签字后报建设单位。

20. 项目监理机构应参加由建设单位组织的竣工验收，对验收中提出的整改问题，应督促施工单位及时整改。工程质量符合要求的，总监理工程师应在工程竣工验收报告中签署意见。

（三）造价控制

工程造价控制是一个动态控制过程，并贯穿于工程项目建设的始终。造价控制的主要内容有：

1. 项目监理机构可根据工程特点、施工合同、工程设计文件及经过批准的施工组织设计对工程造价目标控制进行风险分析，找出工程造价最易突破的部分和最易发生费用索赔的因素和部位，并提出防范性对策。

2. 项目监理机构可在工程造价控制目标分解的基础上，依据施工合同、施工进度计划等，编制资金使用计划，并运用动态控制原理，对工程造价进行分析、比较和控制。

3. 项目监理机构应按下列程序进行工程计量和付款签证：

1）专业监理工程师对施工单位在工程款支付报审表中提交的工程量和支付金额进行复核，确定实际完成的工程量，提出到期应支付给施工单位的金额，并提出相应的支持性材料。

2）总监理工程师对专业监理工程师的审查意见进行审核，签认后报建设单位审批。

3）总监理工程师根据建设单位的审批意见，向施工单位签发工程款支付证书。

4. 项目监理机构应编制月完成工程量统计表，对实际完成量与计划完成量进行比较分析，发现偏差的，应提出调整建议，并应在监理月报中向建设单位报告。

5. 项目监理机构应按下列程序进行工程竣工结算款审核：

1）专业监理工程师审查施工单位提交的工程竣工结算款支付申请，并提出审查意见。

2）总监理工程师对专业监理工程师的审查意见进行审核，签认后报建设单位审批，同时抄送施工单位，并就工程竣工结算事宜与建设单位、施工单位协商；达成一致意见的，根据建设单位审批意见向施工单位签发工程竣工结算款支付证书；不能达成一致意见的，应按施工合同约定处理。

（四）进度控制

项目监理机构应根据建设工程监理合同约定，运用动态控制原理，采取有效措施，通过跟踪检查、分析比较和调整等方法对工程进度实施动态控制。进度控制的主要内容有：

1. 项目监理机构应根据建设单位和施工单位签订的工程施工合同，确定工程施工总工期，并按总工期计划确定阶段性里程碑进度控制目标。

2. 项目监理机构应审查施工单位报审的施工总进度计划和阶段性施工进度计划，提出审查意见，并应由总监理工程师审核后报建设单位。

3. 项目监理机构可根据工程特点、施工合同、工程设计文件及经过批准的施工组织设计对工程进度目标控制进行风险分析，并提出防范性对策。

4. 项目监理机构应检查施工进度计划的实施情况，发现实际进度严重滞后于计划进度且影响合同工期时，应签发监理通知单、召开专题会议，要求施工单位采取调整措施加快施工进度。总监理工程师应向建设单位报告工期延误风险。

5. 项目监理机构应比较分析工程实际进度与计划进度，预测实际进度对工程总工期的影响，并应在监理月报中向建设单位报告工程实际进展情况。

（五）安全生产管理

项目监理机构安全生产管理的监理工作主要包括下列内容：

1. 项目监理机构应根据法律法规、工程建设强制性标准，履行建设工程安全生产管理法定的监理职责，并应将安全生产管理的监理工作内容、方法和措施纳入监理规划及监理实施细则。

2. 依据有关规定、建设工程监理合同约定，总监理工程师应安排具有相应资格的专职或兼职监理人员，负责安全生产管理的监理工作，落实管理职责。

3. 项目监理机构可根据工程特点、施工合同、工程设计文件及经过批准的施工组织设计对安全生产管理的监理工作目标进行风险分析，并提出防范性对策。

4. 项目监理机构应审查施工单位现场安全生产管理规章制度的建立和实施情况，主要包括安全生产管理责任制度，安全生产检查制度、安全生产教育培训制度、安全技术交底制度、施工机械设备管理制度、消防安全生产管理制度、应急响应制度和事故报告编制等。

5. 项目监理机构应检查施工单位安全生产许可证、施工单位和分包单位的安全生产管理协议签订情况。核查施工机械和设施的安全许可验收手续。检查施工单位项目经理、专职安全生产管理人员和特种作业人员的资格，以及施工单位现场作业人员的安全教育培训和安全技术交底记录。

6. 项目监理机构应审查施工单位报审的危险性较大的分部分项工程安全专项施工方案，符合要求的，应由总监理工程师签认后报建设单位。对超过一定规模的危险性较大的分部分项工程专项施工方案，应检查施工单位组织专家进行论证、审查的情况，以及是否附具安全验算结果。

7. 项目监理机构应编制危险性较大的分部分项工程监理实施细则，明确监理工作要点、工作流程、方法及措施。

8. 项目监理机构应巡视检查危险性较大的分部分项工程专项施工方案实施情况。发现未按专项施工方案实施时，应签发监理通知单，要求施工单位按专项施工方案实施。

9. 项目监理机构应检查施工单位落实安全防护、文明施工和环境保护措施的情况，对已落实的措施应及时签认所发生的费用。检查施工现场安全警示标志设置是否符合有关标准和要求。

10. 项目监理机构在实施监理过程中，发现过程存在安全事故隐患时，应签发监理通知单，要求施工单位整改；情况严重时，应签发工程暂停令，并应及时报告建设单位。施工单位拒不整改或不停止施工时，项目监理机构应及时向有关主管部门报送监理报告。

（六）监理文件资料管理

监理文件资料管理是指监理机构在对履行建设工程监理合同过程中形成或获取的，以一定形式记录、保存的文件资料进行整理、传递、组卷、归档，并向建设单位移交有关监理文件资料。监理文件资料管理的主要内容有：

1. 项目监理机构建立健全建设工程监理文件资料的管理制度和报告制度。

2. 项目监理机构应运用计算机信息技术进行监理文件资料管理，实现监理文件资料管理的科学化、标准化、程序化和规范化。

3. 项目监理机构应每月向建设单位、监理单位递交监理工作月报。

4. 专业监理工程师应及时签认进场工程材料、构配件和设备的质量报审材料，以及隐蔽工程、检验批、分项工程和分部工程的质量验收资料。

5. 项目监理机构应及时、准确、完整地收集、整理、编制、传递监理文件资料，并应按规定组卷，形成监理文件

档案。

6. 监理单位应按有关资料管理规定和监理合同约定，及时向建设单位移交需要归档的监理文件资料，并办理移交手续。

## 五、结语

国家动物疫病防控高级别生物安全实验室建设项目的投入运行，标志着我国在生物安全领域又有了一个可以承担世界上最危险病原体研究任务的设施，必将为国家高等生物安全实验室体系建设提供强有力的支撑。该项目国内没有设计、建设先例，执行中克服了西方主要国家技术封锁、国家标准调整等带来的困难，项目建设历经10年，从2009年到2018年，项目监理机构秉承公司"诚信、创新、务实、共赢"的企业精神，在国内无建设先例的情况下，不忘初心、牢记使命，与业主、设计、施工一道解决项目建设中的重重困难和问题，用智慧和汗水塑造了我国生物安全领域的"国之重器"，用实际行动诠释了公司坚持"科学管理、健康安全、预防污染、持续改进"的管理方针，保证了项目如期、高质量建成。

今后，京兴国际工程管理有限公司将积极总结经验，努力形成核心优势，不断在高级别实验室建设领域中继续深耕细作，为推动我国科研基地的建设作出更大贡献。

参考文献

[1] 李明安. 建设工程监理操作指南（第二版）[M]. 北京：中国建筑工业出版社，2017.

# 深度解析《自动喷水灭火系统施工及验收规范》技术要点、明确设计、施工及监理实施要点

张莹

北京凯盛建材工程有限公司

**摘　要**：本文通过深度解析《自动喷水灭火系统施工及验收规范》GB 50261-2017的强制性条文，结合本人多年来的实际工作经验，进一步明确设计、施工和监理实施要点及在工作中的注意事项。

**关键词**：自动喷水　技术要点　实施要点

## 一、新国标修订的主要技术内容

中华人民共和国住房和城乡建设部公告（第1577号）发布国家标准《自动喷水灭火系统施工及验收规范》GB 50261-2017（以下简称《自喷规范》），自2018年1月1日起实施，同时废除（GB 50261-2005）《自动喷水灭火系统施工及验收规范》。

新规范共分为9章、7个附录。共有6条强制性条文，分布于第3、5、6、8章中，具体为第3.2.7条、5.2.1条、5.2.2条、5.2.3条、6.1.1条、8.0.1条，必须坚决执行。

## 二、深度解析强制性条文的技术要点，明确设计、施工及监理实施要点

（一）强制性条文1

1.《自喷规范》3.2.7规定：

喷头的现场检验应符合下列要求：

1）喷头的商标、型号、公称动作温度、响应时间指数（RTI）、制造厂及生产日期等标志应齐全；

2）喷头的型号、规格等应符合设计要求；

3）喷头的外观应无加工缺陷和机械损伤；

4）喷头的螺纹密封面应无伤痕、毛刺、缺丝或断丝现象；

5）喷头应进行密封性能试验，以无渗漏、无损伤为合格。

试验数量宜从每批中抽查1%，但不得少于5只，试验压力应为3.0MPa；保压时间不得少于3min。当两只及两只以上不合格时，不得使用该批喷头。当仅有一只不合格时，应再抽查2%，但不得少于10只，并重新进行密封性能试验；当仍有不合格时，亦不得使用该批喷头。

2.《自喷规范》3.2.7技术要点：

1）"每批"指的是同制造厂、同规格、同型号、同时到货的同批产品。

2）条文未对升压速率作规定。

3.《自喷规范》3.2.7设计、施工及监理实施要点：

根据设计文件，核查喷头的商标、型号、公称动作温度、响应时间指数（RTI）、外观等质量是否有缺陷，制造厂及生产日期等标志是否齐全，相关资料齐全，特别是形式检验报告，并作水压密封试验，要求喷头能承受3.0MPa的压力，并保压时间不低于3min，在喷头密封件处无渗漏即为合格。若对此

批其他质量存在异议时，可委托具有相关资质的单位根据国家标准《自动喷水灭火系统 第1部分：洒水喷头》GB 5135.1-2003，对喷头的检验提出19条性能要求，23项性能试验进行复查。试验后的喷头不得于工程中使用，同时也要检查喷头的外包装及包装形式，要有防震、防潮措施，否则会因运输过程的振动碰撞及其他原因造成隐患，以防喷头安装后漏水或系统充水后热敏元件破裂造成误喷的不良后果。

（二）强制性条文2

1.《自喷规范》5.2.1规定：

喷头安装应在系统试压、冲洗合格后进行。

2.《自喷规范》5.2.1技术要点：

1）本条对喷头安装的前提条件作了规定。其目的是：

①避免施工过程中损坏喷淋头。

②防止施工过程中异物堵塞喷头，影响喷头喷水灭火效果。

2）系统试压指的是水压强度试验、气压强度试验、水压严密性试验和气压严密性试验。

3.《自喷规范》5.2.1设计、施工及监理实施要点：

根据国外资料和国内调研情况，自动喷水灭火系统失败的原因中，管网输水不畅和喷头被堵塞占有一定比例，主要是由于施工中管网冲洗不净或是冲洗

管网时杂物进入已安装喷头的管件部位造成的。为防止上述情况发生，应重点检查施工顺序，不可逆转，喷头的安装应在管网试压、冲洗合格后进行。特别重点检查冲洗管道顺序及冲洗质量。

（三）强制性条文3

1.《自喷规范》5.2.2规定：

喷头安装时，不得对喷头进行拆装、改动，并严禁给喷头、隐蔽式喷头的装饰盖板附加任何装饰性涂层。

2.《自喷规范》5.2.2技术要点：

1）"不得对喷头进行拆装、改动"指的是不得对喷淋头本体进行拆装改动，否则将影响喷淋头的整体密封、动作温度及时间。

2）"严禁给喷头、隐蔽式喷头装饰盖板附加任何装饰性涂层"指的是针对使用单位为了装修方便，未对喷淋头进行防护；或是为了达到某种特定装饰效果，给喷头刷漆和喷涂料而提出的。这样做一方面是被覆物将影响喷头的感温动作性能，使其灵敏度降低；结果喷头的动作温度比额定的高20℃左右，另一方面是被覆物属油漆之类，干后牢固地附着在喷头释放机构部位上，将严重影响喷头动作时的开启，其后果是相当严重的。

3.《自喷规范》5.2.2设计、施工及监理实施要点：

注意在安装前检查喷头本身的外观，不得拆卸、改动，管道安装后的喷头也不得重复使用。拆卸后及安装后的喷头应做好标记，单独码放，并报废处理。核查施工工艺，落实安装后喷头是否需要进行装饰作业，如后续存在喷涂装饰作业，应提前进行喷头包裹，做好防护工作，避免喷头污染或被其他异物覆盖。

（四）强制性条文4

1.《自喷规范》5.2.3规定：

喷头安装应使用专用扳手，严禁利用喷头的框架施拧；喷头的框架、溅水盘产生变形或释放原件损伤时，应采用规格、型号相同的喷头更换。

2.《自喷规范》5.2.3技术要点：

1）"专用扳手"指的是喷头生产厂家为安装喷头而配套提供的扳手。

2）在运输、搬运、周转及安装误操作中造成喷头的框架、溅水盘产生变形或释放原件存在缺陷时，应采用规格、型号相同的喷头更换。

3）根据新国标整体思路，此处应附加隐蔽性喷头的装饰盘存在缺陷时，应采用规格、型号相同的喷头装饰盘更换。

3.《自喷规范》5.2.3设计、施工及监理实施要点：

重点做好安装前和安装后的检查，安装喷淋头时应使用喷头厂家提供的专用工具，正确使用，不得在扳手上加装套管增大扭矩，不得将作用力施加在喷头的框架及溅水盘上，发现框架或溅水盘变形、释放元件损伤的，必须采用同规格、同型号的新喷头进行更换。

（五）强制性条文5

1.《自喷规范》6.1.1规定：

管网安装完毕后，应对其进行强度试验、严密性试验和冲洗。

2.《自喷规范》6.1.1技术要点：

1）本条主要强调的是施工顺序不得逆转。

2）"强度试验"指的是对系统管网的整体结构、所有接口、承载管支吊架等进行的一种超负荷考验。

3）"严密性试验"指的是对系统管网渗漏程度的测试。

4）"管网冲洗"指的是防止系统投入使用后发生堵塞而采取技术措施之一。

3.《自喷规范》6.1.1 设计、施工及监理实施要点：

重点监视施工顺序，并做好下列试验：

1）水压强度试验

（1）当系统设计工作压力等于或小于 1.0MPa 时，水压强度试验压力应为设计工作压力的 1.5 倍，并不应低于 1.4MPa；当系统设计工作压力大于 1.0MPa 时，水压强度试验压力应为该工作压力加 0.4MPa。

（2）水压强度试验的测试点应设在系统管网的最低点。对管网注水时，应将管网内的空气排净，并应缓慢升压，达到试验压力后，稳压 30min，管网应无泄漏、变形，且压力降不应大于 0.05MPa。

2）水压严密性试验

水压严密性试验应在水压强度试验和管网冲洗合格后进行。试验压力为设计工作压力，稳压 24h 应无泄漏。

3）气压严密性试验

气压严密性试验压力应为 0.28MPa，且稳压 24h，压力降不应大于 0.01MPa。

4）冲洗

（1）管网冲洗的水流流速、流量不应小于系统设计的水流流速、流量。管网冲洗宜分区、分段进行；水平管网冲洗时，其排水管位置应低于配水支管。

（2）管网冲洗的水流方向应与灭火时管网的水流方向一致。

（3）管网冲洗应连续进行。当出口处水的颜色、透明度与入口处水的颜色、透明度基本一致时，冲洗方可结束。

（六）强制性条文 6

1.《自喷规范》8.0.1 规定：

系统竣工后，必须进行工程验收，验收不合格不得投入使用。

2.《自喷规范》8.0.1 技术要点：

1）本条重点强调的是建成后的设施在投入使用前必须进行验收工作。

2）本条的含义是检查工程是否符合已获得审核批准的消防设计要求，同时也要遵照执行当地公安消防部门的建审意见书中的相关验收条文，消防验收合格是整个工程投入使用的或生产的必须条件。

3.《自喷规范》8.0.1 设计、施工及监理实施要点：

在此阶段，监理应重点做好申请消防验收的资料收集工作和工程实体验收工作。

1）验收资料内容

（1）设工程消防验收申请表。

（2）经公安消防部门批准的建筑工程消防设计施工图纸、竣工图纸、工程竣工验收报告。

（3）消防设施产品合格证明文件。

（4）具有防火性能要求的建筑构件、建筑材料、装修材料符合国家标准或行业标准的证明文件、出厂合格证。

（5）建筑消防设施检测报告。

（6）施工、工程监理、检测单位的合法身份证明和资质等级证明文件。

（7）建设单位的工商营业执照及其他合法身份证明文件。

（8）法规、行政法规规定的其他材料。

2）工程实体验收工作

此工作应严格按 8.0.13 执行。该条文虽然未作为强制性条文，却是验收合格的前置条件。

## 三、结语

为了更好地贯彻《自动喷水灭火系统施工及验收规范》，设计人员在遵守本规范的前提下，结合相关专业规范进行综合设计，施工及监理必须严格按照已批准的设计文件进行组织施工，同时符合相应的标准技术规范及施工图集，强制性条文必须不折不扣地执行。本标准中强制性条文共计 6 条，在施工、监理验收过程中要严格按照规定的检查数量和项目进行检查，监理人员必须充分做好事前、事中和事后三阶段的质量管理控制工作，确保工程质量达到预期功能和指标。

# 浅谈光伏电站接入系统架空输电线路监理安全质量控制

郝中会

大连大保建设管理有限公司

摘　要：光伏电站接入电网的方式一般有专线接入、T接入和通过用户内部电网接入公用电网等。2017年9月本人有幸参加了朝阳和润光伏电站引出66kV线路T接入马古2#线的13km新建架空线路的监理工作，在此浅谈其架空输电线路监理安全与质量控制。

关键词：安全控制　质量控制

## 一、工程简介

本工程由朝阳和润光伏电站引出1回66kV线路T接入马古2#线，新建架空线路13km，使采用1根24芯OPGW光缆，导线采用LGJ-150/25型，工期60天。

## 二、光伏电站接入系统监理安全工作

工程开工前的监理工作主要有以下几点：

1. 对施工方资料的审查

1）施工单位的营业执照和资质证书。

2）施工单位的安全文明施工管理体系、制度；结合电力输电线路施工的特点和要求，安全管理要有专人专职负责

（同时要有资质证书）。因线路施工点多、具有分散性的特点，在施工时各施工点要有管理安全的安全员负责，安全文明施工管理和宣传教育制度必须落实到位，提高执行力度。

3）项目管理实施规划、安全文明施工方面的审查：项目管理实施规划对安全文明施工是否具有全面性、针对性和可行性，电力线路施工时主要分为基础工程、组塔工程、架线工程，各项工程施工都有各自的特点，如基础工程施工时主要是防止土方塌方；组塔、架线工程主要是高空作业，其他的是用电、交通等共性，对照工程施工时的危险点进行针对性的审查是否有措施和安全注意事项；在项目管理实施规划中针对本工程当中专业性较强的项目要有特殊的安全施工措施和方案：如跨越电力线、铁路、高速公路、通航河流、山谷等。

施工过程中，施工单位必须设安全监护人，电业生产运行单位必须派员进行现场监护。《电力建设安全工作规程　第1部分：火力发电》DL 5009.1-2014规定，有下列特点之一的跨越称为特殊跨越：跨越多排轨铁路及高速公路、跨越运行电力线架空避雷线（光缆），跨越架高度大于30m、跨越220kV及以上运行电力线、跨越运行电力线路其交叉角小于30°或跨越宽度大于70m、跨越大江大河及其他复杂地形。特殊跨越必须编制施工技术方案或施工作业指导书，并按规定履行审批手续后报经相关方审核批准。要审查季节性施工时有关的安全措施、对施工中有关文物的保护措施；项目经理部的生活区、材料堆放区是否合理。施工起重机械、大型机械要有合格证、准用证，操作人员要有操作证书；特种人员资质证书审查（电

力线路施工主要有测工、焊工、架子工、操作工、压接工、登高人员等）；还要检查施工人员教育培训制度落实情况。

**2. 工程施工现场**

监理工程师在施工阶段主要审查施工现场的安全方面的落实情况：施工现场是否文明施工，施工现场临时设施是否到位，布置合理安全方面是否存在问题，临时用电是否存在安全隐患等。依照《国网电网公司输变电工程施工危险点辨识及预控措施》对存在安全隐患的危险点进行逐项排查工作；对施工人员的惯性违章要及时进行处理，事后进行书面通知；做好闭环工作；对违反安全生产有关规定及存在重大安全隐患的问题、事件，必须立即停工整顿。

在健全监理责任制，提高监理理论水平的同时，重点提高监理实际监测手段，对现场安全检查控制工作，除了书面记录外，充分利用有关监测仪器、相机、手机等对关键工序、关键部位进行全面、全方位、全过程的跟踪控制工作。

**3. 施工过程监理方面的安全工作**

1）针对本工程，有超过 7km 的线路需要穿越山地，具有较高的风险；树立安全第一意识，要求施工方对所有员工加强安全教育，如对预测危险点、危险源、危险面做好危险辨识。加大安全管理奖惩力度，实行安全时时讲、天天查、周周总结，及时发现安全隐患，及时处理。

2）检查施工单位管理人员到场情况，监理人员不能代替施工单位做安全管理工作。检查施工单位分包工程安全方面的管理情况，不能以包代管。

3）参与施工单位分项工程的施工技术、安全交底工作，针对工程特点提出安全文明施工方面的注意事项。

4）施工人员在工程施工当中严格按经过批准的作业指导书进行施工，严格管理在施工当中出现的习惯性违章现象。

5）做好首基试点工作，监理跟踪落实，做到以点带面、全面推广。

6）对复杂地形、特殊地形施工时要做到单基策划，监理人员跟踪审查、审核。

7）检查施工项目经理部是否进行了定期性、经常性、突击性、专业性、季节性等各种形式的安全检查，安全记录是否真实、齐全，对安全隐患的整改是否做到定人、定期限、定措施等。

8）在工程所在地加强《电力法》《电力设施保护条例》的宣传力度，尊重地方民风民俗，文明施工，提高应对突击事件、外力破坏的能力。

# 三、光伏电站接入系统工程质量控制

**1. 架空输电线路工程施工前的质量控制**

1）熟悉图纸资料

施工前必须组织相关技术人员进行图纸资料审查，以把握设计意图，找出设计图纸资料中的不足，并联系业主方专业人员及设计部门相关人员寻求解决。设计图纸资料包括施工图、标准安装图册、施工技术规范等文件。图纸资料审查应先自审再会审，在审查同时做好记录。

2）详审施工方案，要求施工方做好技术交底及编制施工计划

根据图纸资料审查结果，要求施工方完善施工方案，并按照施工过程中可能涉及的质量安全及技术问题做好技术交底，同时依据施工网络图及材料预算制定材料采购计划。

3）工器具与材料准备

做好工器具的检查验收，确保其达到规范要求并满足施工需要。准备施工所需要的各种材料，包括浇灌基础的混凝土、钢筋及杆塔施工的塔具、金具、导线等。所有材料必须出具合格证及检测报告，并建立材料收发台账。

4）加强质量管理

对所有参与施工的人员进行质量培训，灌输"零缺陷"理念。组织学习输电线路施工规范及质量验收规范，以确保"事前预控，事中掌控，事后检测"。

5）线路基础复测

杆塔施工前，必须对基础进行复测，检查基础尺寸、中心桩及对角线、根开等数据是否符合要求，一般要求耐张转角塔、终端塔基础预偏率为 3‰ ~ 7‰，以确保施工完毕后，铁塔不向受力侧倾斜。

**2. 架空输电线路工程施工中的质量控制**

1）杆塔基础

（1）基础开挖

基础开挖前，对基础型号、参数进行检查和确认。杆塔基础分为杆基础、塔基础和拉线基础，需要分清基础形式、杆塔型号和土壤状况，再根据设计要求进行放样。坑深误差应控制在 +100mm~50mm。超挖深度 ≤ 300mm，应填土夯实处理；超挖深度 >300mm，必须铺石灌浆处理。

（2）钢筋绑扎

钢筋加工时，必须严格按施工图纸和下料单要求下料，并根据设计要求和施工规范进行绑扎或焊接。为了保证预埋地脚螺栓位置的准确性，应采用钢板、角钢制作固定架，地脚螺栓应与固定架焊接牢固。在浇灌混凝土前，反复核对

地脚螺栓的位置尺寸、标高，螺栓应除锈并包扎螺纹部分。

（3）模板安装

安装前，应仔细检查模板尺寸是否符合要求，有没有裂缝、变形等缺陷，有则进行修复或替换。模板拼装后复核尺寸，一般禁止自行减小基础尺寸。拼装时接缝应该错开。拼装后，应在内侧涂刷脱模剂。模板还必须支护牢固，防止混凝土浇灌时发生位移和变形。

（4）基础浇灌

有条件时，基础应采用商品混凝土进行浇灌。需要现场配制混凝土时，混凝土配制强度应在设计强度基础上提高15% ~ 20%，并严格控制原材料质量。浇灌前将模板内积水及杂物清除。浇灌混凝土应连续完成，并安排专人振捣。浇灌过程中随时检查地脚螺栓有没有移位，浇灌完成后及时覆盖和养护。应待混凝土强度达到设计强度75%以上再拆模。

2）杆塔组立

（1）施工准备

首先，对基础进行检查验收。一般要求基础强度必须达到设计强度的100%。当立塔作业已采取有效防范水平推力措施时，可以在强度不低于设计强度70%的条件下进行组立施工。然后清点和检查塔材，有变形缺陷时必须矫正。

（2）杆塔组立

杆塔组立方式分整体组立和分解组立，铁塔多采用分解组装方式。整体起吊适用于交通方便、吊车可进场的现场。选用吊车应根据塔身重量、塔与吊车间距等确定。吊装前必须先确认线路方向，起立后直线塔横担与线路方向成90°角，转角塔横担与线路方向成45°角。起吊时吊点必须在杆身重心之上，以防杆身摆动。起吊钢丝绳必须用卡扣固定好，杆身上半部分要用揽风绳进行固定。角钢塔一般采用分解组立方式，如悬浮式抱杆安装等，应按规范要求进行安装作业。

3）架线施工

（1）架线准备

架线前对杆塔组立质量进行复验，并对导地线连接管、耐张管进行压接试验。施工现场进行清障处理。根据线路设计要求和现场情况选择牵张场，并按照跨越要求搭设跨越架。架线施工分为张力展放和拖地展放，根据施工要求选择牵张机具。按照耐张段长度选择导地线长度，并按照档距外加1.4% ~ 2.5%的裕度考虑架线长度，避免耐张段内出现接头。检查混凝土强度是否已达到设计强度的100%。

（2）架线操作

架线通道内安排专人清场和督查，以确保施工安全。施工单位通常会利用牵引机械保持导地线的张力，这是一种比较经济的张力展放方式，但需注意放线滑轮轮径不能小于线径的10倍，另外展放时合理预留尾线余量，临时拉线应置于耐张塔张力的相反方向。紧线后观测弧垂，应先复核档距。弧垂观测可采用多种方法，常采用等长法，特殊档距也可采用经纬仪进行观测。耐张段弧垂观测完毕，应立即进行复查，确认没有问题后再登塔画印安装。

4）附件安装

安装前，应对绝缘子进行耐压试验，合格的附件才能安装。安装时，检查绝缘子外观、弹簧销、挂板，有问题及时处理或更换。防振锤、跳线必须严格按规范要求施工。

5）接地体施工

接地体施工质量控制的重点在于接地体埋深、连接和接地电阻。接地体埋深必须符合设计要求，塔身与接地体的连接必须可靠，接地电阻应按规程规定的方法进行检测并达到设计要求。

3. 架空输电线路工程施工后的质量控制

1）验收依据

质量验收是质量控制的关键环节，验收依据包括相关标准规程、设计图纸文件、设备厂家图纸资料、经批准的技术措施及相关规定等文件资料。

2）落实三级检查验收制

架空输电线路的质量验收实行"三检"制。首先由班组进行自检，合格后才能交工，自检记录必须完整。然后交由施工队进行复查，复查合格后监理单位、建设单位进行验收。

3）质量评定

按照分项工程→分部工程→单位工程的顺序进行质量评定。评定等级分为优良、合格和不合格。不合格工程必须返工处理，然后重新评定质量等级，但不能评为优良。

# 四、结语

光伏接入系统的架空输电线路工程建设关系到社会经济的发展和电力企业的经济效益，只有重视质量管理和控制，实现"零缺陷"目标，才能确保电力设施安全可靠的运行，本工程历时两个月，在确保安全与质量前提下得以顺利竣工。

# 大型建设项目项管一体化BIM实施战略初探

李永双

重庆联盛建设项目管理有限公司

**摘　要：**大型建设项目投资额度大、建设周期长、参建单位众多，工程项目管理难度非常大。项目管理一体化从项目立项至竣工验收全过程实现统一高效的管理，是解决大型建设项目综合管理的有效途径。BIM技术以其先天技术优势在项目实践中应用越加广泛，其在大型建设项目中所发挥的作用更加明显。本文以综合管理实施为目标，深入讨论了大型工程项目基于BIM全过程一体化管理的目标规划、战略布局、实施方案，着重总结了项目管理主导实施的BIM应用经验，并全面分享了典型工程基于BIM的项目一体化管理实施案例。

**关键词：**大型建设项目　一体化管理　BIM信息技术

## 一、引言

大型工程建设项目具有投资额大、参建单位多、系统复杂等特点，其对建筑行业提出了技术与管理提升的双重挑战。全过程一体化项目管理提供了管理创新，BIM技术则提供了全面技术解决方案。本文将着重探讨BIM技术在大型建设项目全过程一体化管理中的实施战略问题。

重庆联盛建设项目管理有限公司（以下简称重庆联盛）是国内最早进行工程项目管理方法研究与工程实施的综合工程咨询企业之一，也是最早推行项目全过程一体化项目管理理念的咨询企业。

## 二、信息化助力项管技术提升

基于项目管理实施的实践需求，重庆联盛积极将BIM等一系列先进信息技术引入项目管理实施，包括：BIM技术、物联网技术、GIS技术、倾斜摄影技术等。这些技术的应用一方面大大提升了大型项目的管理水平，助推了项目管理在项目中的应用价值；另一方面，也大大提升了企业自身的技术研发与实施力。

（一）BIM在内蒙古跑马场竣工结算中的应用

内蒙古少数民族群众文化体育运动中心项目（简称内蒙古跑马场）为内蒙古自治区七十周年大庆主会场，该项目由重庆联盛实施全过程一体化项目管理，并将BIM技术引入全过程管理。

目前，该项目进入竣工结算及验收阶段，由于项目主要由复杂的钢结构、双曲面屋面及玻璃幕墙构成，给项目竣工工程量的结算预审计带来较大困难，项目决算咨询单位及审计单位对于施工单位提出的工程量无法进行技术复核与确认。为了解决这一问题，项目管理单位继续使用BIM技术，基于三维空间模型数据，进行平面分区与展开，最终对施工单位所提交的钢结构、铝板及玻璃幕墙工程量进行统计。该项目全过程管理及BIM应用总结请见本文第六节。

（二）倾斜摄影解决园博园土方量计算问题

南宁园博园项目是重庆联盛承接的又一项大型建设项目，该项目位于南宁邕宁区。作为大型市政园林项目，其占地面积庞大，区域内地形地貌非常复杂，建设过程中涉及巨大的土方工程量，而土方工程量的优化控制与准确技术是项目实施的关键问题之一。

在项目管理进入该项目工作阶段，由于场地原始地形数据不满足1：500比例地形数据，原始地形数据无法准确确认，业主已经面临与土方工程总承包单位确认土方量的问题。重庆联盛作为项目管理单位进入该项目后，首先提出使用倾斜摄影技术对原始地形数据进行复核，并基于无人机实时航拍、GIS技术，结合倾斜摄影技术准确测绘，对土方工程量进行优化与控制、工程量确认与结算，并基于原始地貌模型进行项目后期BIM实施的基础。

（三）物联网技术引入地下管廊工程

重庆联盛项目管理业务范围已经由最初的建筑工程，逐步扩展到市政园林项目、园区规划与建设项目、城市环境生态改造项目、城市地下综合管廊工程。"乌兰察布市南沙河综合整治及地下综合管廊同步建设工程"是重庆联盛承接的又一项城市重点项目，在该项目实施过程中，项目管理部已经将BIM技术，以及基于BIM技术的物联网资产管理、设备动态监控应用到该项目的建设阶段，以及后期运维阶段。

## 三、大型项目项管实施战略

### （一）项目全过程一体化管理

工程项目管理服务已成为国际上大型复杂工程项目常用的组织实施方式，也是被国际工程实践证明为行之有效的管理模式。近年来，项目管理发展迅速，并得到了政策的支持，《住房和城乡建设部关于推进建筑业发展和改革的若干意见》（建市〔2014〕92号）提出：具有监理资质的工程咨询服务机构开展项目管理的工程项目，可不再委托监理。

全过程项目管理咨询服务是集工程咨询、招标代理、造价咨询、工程监理为一体的综合管理服务，可以实现对项目进行综合、系统的管理，可以解决现行管理模式的工作范围不清、职责不明确等问题。国务院办公厅《关于促进建筑业持续健康发展的意见》（国办发〔2017〕19号）更是明确提出，"政府投资工程应带头推行全过程工程咨询"，鼓励投资咨询、勘察、设计、监理、招标代理、造价等企业采取联合经营、并购重组等方式发展全过程工程咨询，培育一批具有国际水平的全过程工程咨询企业。

采用工程项目管理服务，可以充分利于发挥工程项目管理机构人才优势、专业优势，实现项目策划决策、勘察设计、施工安装等阶段工作的深度融合和集成管理，提高工程建设管理水平。重庆联盛通过多年工程实践探索，真正实现了项目全过程一体化管理，并完成了若干大型项目的实施案例。

### （二）建筑工程BIM技术综合应用

BIM是建筑信息模型的简称，BIM的本质是一个建筑项目物理和功能特性的数字表达，共享项目信息。利用BIM的可视化模拟功能，在设计阶段彻底消除碰撞，而且能优化净空和管线排布方案。项目实施过程中，BIM能够降低设计错误数量、因理解错误导致的返工费用，极大地减少工程变更和可能发生的纠纷。在运维阶段，BIM为项目后期能源及环境运维平台、智慧工程管理平台

提供了数据支撑以及可视化展示平台。

总之，项目从设计到交付运维，BIM在提高生产效率、节约成本、缩短工期、提升运维管理水平等各方面均可以发挥重要作用。在大型建设项目项目管理过程中引入BIM技术，可以实现项目数字化、信息化、可视化管理。

### （三）信息与物联网技术辅助应用

大型建设项目，尤其是市政类、园林景观类、区域及环境改造类型项目占地范围大，区域内地质地理环境复杂，因此，需要采用GIS（地理信息系统）、GPS（全球定位系统）等具有信息系统空间专业形式的数据管理系统。此外，在完整工程模型构建过程中，以及在项目实施过程中的工程进度跟踪、工程量控制，均需要应用先进的测绘技术，例如：倾斜摄影技术。

运用这些技术的原因是，一方面，大型公共建筑对于过程有效管理的要求，需要构建项目管理系统平台，形成对项目人、机械、材料的高效管理；另一方面，大型公共建筑一般是重要的民生工程或重要的公共建筑，后期运维管理的水平既体现了项目自身的品质，也提升了社会管理效率。因此，无论在项目建设过程中，还是在竣工运维期间，将大量采用物联网技术，以及信息采集管理系统。基于物联网信息系统平台，可以实现智慧建筑环境平台、智慧建筑能源管理平台。此外，在日趋增多的建筑工业化生产过程中，以及在建筑资产管理过程中，射频识别（RFID）越来越多地被采用，实现了结构构件和设备的生产、物流或动态监控管理。

## 四、大型项目BIM实施战略

### （一）项管主导BIM实施

一般情况，BIM主导单位是设计

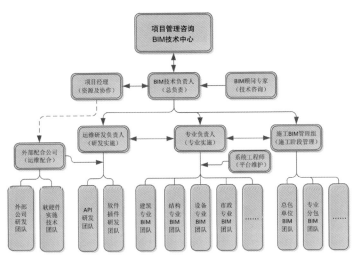

项目管理单位BIM实施组织架构

单位、施工单位或专业咨询单位，他们都是阶段性参与项目工作，很难将BIM价值扩展到项目全程。项目管理单位对项目全程负责，因此更能够实现全过程BIM价值。项目管理单位BIM实施组织架构见上图所示。

（二）BIM实施责任矩阵

以项目管理单位为主导的BIM实施，首先需要明确各参建单位在项目实施过程中的责任与角色：

| 序号 | 阶段 | 参与方及责任 | | | |
|---|---|---|---|---|---|
| | | 业主 | 设计单位 | 项管单位 | 总承包单位 |
| 1 | 设计阶段 | — | 辅助 | 主体 | — |
| 2 | 施工阶段 | — | 辅助 | 管理 | 主体 |
| 3 | 竣工阶段 | — | — | 管理 | 主体 |
| 4 | 运维阶段 | 辅助 | — | 主体 | — |
| 5 | 推广展示 | 管理 | 辅助 | 主体 | 辅助 |

| 序号 | 类型 | 责任 | 权利 | 成果 |
|---|---|---|---|---|
| 1 | 管理 | 计划审核、管理 | 收取管理费 | 成果监督、审核 |
| 2 | 主体 | 计划、实施 | 收取实施费 | 负责按时提交成果 |
| 3 | 辅助 | 配合主体单位 | — | 提供必要的辅助资料 |

根据项目建设主要阶段：

在项目设计、运维阶段，项管单位是BIM实施的主体单位，负责项目的计划、实施工作，并对项目实施的成果提交时间和质量负责。

在项目施工、竣工阶段，项目总承包单位为BIM实施的主体单位，负责制定项目的施工计划和实施工作，及成果的提交时间和质量；项管单位是项目实施的管理单位，负责项目的计划审核、实施管理、成果监督及审核工作。

在项目的全过程推广展示阶段，项管单位是项目实施的主体单位，对项目实施的成果提交时间和质量负责，设计单位为辅助单位，负责相关设计资料的提供，业主单位为管理单位，主要提出项目推广展示的计划及成果需求。

（三）BIM实施内容及目标

基于项目BIM实施责任矩阵，项目管理单位需要根据项目实际情况，制定项目BIM实施的阶段内容规划。

1. 设计阶段：设计成果的优化与校核、专项深化设计、项目成本估算等。

2. 施工阶段：施工方案评估、施工顺序模拟；施工协同平台搭建；施工过程变更控制等。

3. 竣工阶段：项目竣工管理，项目竣工模型整理等。

4. 运维阶段：根据业主对项目的运维需求，确定运维实施方案及内容。

5. 项目推广展示：根据项目需求，提炼项目展示模型，制作项目整体及局部效果图、宣传展示视频、PPT及项目文档资料。

## 五、大型项目管控要点

（一）项目投资与成本控制

1. 投资与决算控制

大型建设项目投资控制至关重要，投资控制主要分为前期投资预控、竣工决算两个主要环节。众所周知，项目方案设计与施工图设计决定了建筑成本的70%以上。基于设计阶段BIM模型的不断完善及工程量不断细化，可以将项目BIM模型与工程造价信息关联，对项目成本进行初步分析与控制。

在大型项目工程决算阶段，项目管理单位需要严格控制工程计量，做好工程款项支付工作和工程结算、决算方面的控制。项目管理单位可利用跟踪项目实施的BIM模型，显示当前的工程量完成情况和施工状态的详细信息，高效准确地完成工程计量工作审核，最终提高大型工程项目的工程结算、决算准确度。

2. 工程变更成本控制

工程设计变更是影响工程造价变化的重要因素，项目管理单位需要认真审核设计变更的原因，严格把控设计变更对工程造价的影响。基于BIM技术，项目管理单位可以从不同的角度审核图纸，在施工前对设计成果存在的问题进行预警和解决，从而大幅降低工程变更的数量；对于无法避免的设计变更，基于

BIM 技术对设计变更方案进行对比分析，可以进行多方可视化技术论证，选择合理且经济性好的实施方案，对设计变更成本进行有效控制。

（二）设计成果审核与优化

项目管理单位应用 BIM 技术，对各阶段设计成果进行内部审核及优化。目的是解决设计矛盾与错误，从根源上对项目成本进行控制，全面提升项目的实施品质。设计成果审核及优化包括以下几个方面：专业设计规范检查、主要公共空间校核、公共空间净高优化、专业间几何及物理碰撞检查等方面内容。

大型建设项目机电系统和智能化要求一般比较复杂，在机电系统深化设计阶段，基于 BIM 技术，可以实施三维可视化的机电系统综合设计；优化系统空间排布方案；检验管线几何碰撞和物理碰撞；有效降低机电系统的施工风险；有效提升机电施工质量；最大限度节约系统空间，综合提升项目实施品质。

（三）实施进度管理与控制

进度管理是项目管理的重要内容，大型建设项目一般进度要求非常高，基于 BIM 技术可以实现项目进度的高效管理。首先，通过 BIM 的 4D 施工模拟以及多方案比选，可以调整和规划更加合理的施工方案。其次，基于 BIM 进行虚拟建造，可以对项目施工工法及进度计划进行检查和优化，并可以实现快速可视化交底，提升施工单位工作效率。

大型建设项目一般范围大，工作面管理将是项目管理的有效手段之一。基于 BIM 技术，可以根据流水段划分的工作面范围，实现配套工作的分派、提醒、跟踪。大型项目有分包单位较多，且工作面频繁交接的特点，BIM 系统利用工作面交接模板的形式进行管理，避免了分包穿插作业时因界限、责任不清晰而造成的工期、成本上的损失。

（四）施工质量与安全管理

大型项目施工质量和现场安全管理是不容忽视的重要管理内容。通过 BIM 技术的辅助管理，管理人员对现场实际情况的提前预控成为可能，对施工现场发现的问题与设计情况进行及时比对，及时发现问题并及时解决问题，保证施工质量。在施工过程中，可以用 BIM 与数码设备相结合，实现数字化的监控模式，数字化设计变更管理，从而更好地控制施工质量。

BIM 安全检查，通过 BIM 检查施工现场存在的安全隐患点，对施工过程中产生的安全隐患，对施工预留的洞口、临边等危险点采取防范措施。通过 BIM 的分析，辅助我们加强施工现场的安全管理，减少风险因素。此外，结合 BIM 模型、互联网技术，通过监测关键施工阶段关键部位的应力、变形，可以提前识别施工现场危险源，有效控制施工过程风险。

（五）竣工模型及资料管理

大型建设项目全生命周期中参与单位众多，从立项开始，历经规划设计、工程施工、竣工验收到交付使用是一个漫长的过程，过程中产生的信息是海量的，传统项目管理方式，这些资料在竣工阶段的整理需要耗费大量人力，并为后期项目运维带来诸多难度。项目管理单位将 BIM 技术引入大型项目全过程管理后，项目竣工交付除项目实体、项目相关过程资料外，还附加了项目唯一真实的 BIM 模型及数据库，这一模型，导入和处理适合物业管理需要的设备、材料、空间信息等各种建筑实体信息。这些信息形成了项目高效准确的备案资料，并在后期运维阶段可以方便应用。

# 六、实施案例及成果

（一）内蒙古跑马场项目

内蒙古跑马场为内蒙古自治区七十周年大庆主会场，这一建筑极具民族特色。该项目 BIM 全过程实施取得了显著成果[1]，项目目前已经进入竣工阶段，其主要特点包括：

1. 项目主要实施难点

1）建筑主体呈曲面且不规则，建筑细部非常复杂。

2）钢结构主体、铝板屋面及幕墙工程等结构体系均非常复杂。

3）项目要求施工工期十分紧迫。3个月土建完工、6个月钢结构完工、9个月实现全封闭、14个月全面竣工（含精装）。

2. 项目主要实施亮点

1）全过程项目管理一体化：

重庆联盛作为本项目项目管理一体化实施单位，实现了包括项目管理、工程监理、招投标代理，以及造价咨询管理等的全过程一体化管理。

2）全过程项目管理 BIM 应用：

基于项目的复杂性，为了更好地对项目实施过程进行把控管理，跑马场项目将以项目管理单位为主导，将 BIM 技术全面引入项管全过程。在设计成果的审核优化、机电及钢构深化设计、全过程施工支持等三方面全面应用了 BIM 技术。

3）实现预定工期要求：

全过程项目管理一体化在本项目发

挥了巨大效率，BIM 技术助力解决了项目中关键问题——工期要求。

3. 项目 BIM 主要实施成果

BIM 在项目中应用，实现了巨大价值：节约混凝土用量 4000 余方、钢材 2000 余吨、土石方量 38 万方；减少设计变更 1000 余处；为业主节约了土建工程投资约 3800 万元，占整个土建工程投资的 10% 左右。并且这些优化成果已经得到设计单位确认和项目业主认可。

（二）南宁园博园项目

1. 项目概况

第十二届中国（南宁）国际园林博览会园博园，位于南宁市邕宁区蒲庙镇顶蛳山地区。项目占地 658hm²，展园工程总面积超过 262hm²，展园 77 个，主路总长 12.8km，主场馆建筑面积 8.41 万 m²。项目总预计投资 30.8 亿元，建设工期计划 735 天。

2. 项目主要实施难点

1）项目体量庞大：262 万 hm²，专业繁多。

2）施工组织特别复杂，工期要求紧张。

3）参建单位多及人员数量庞大：高峰期上百家，人员超万人。

4）环境复杂、专业性强、"AAAAA"级景区内容繁多。

5）关联项目众多有 32 个，其建设对园博园形成制约。

3. 项目主要管理方法

1）系统方法论实施项目管理

本项目规模庞大，涵盖内容众多。项目管理采用系统方法论：首先，将项目从整体到局部一层一层地进行拆解，直至最小工作单元；然后，将项目最小工作单元从局部到整体归类、理顺打包。

2）哲学思维厘清内在联系及职责划分。

本项目标段、工序复杂，参建单位众多，如何协调管理所有主体是项目管理的关键问题。因此，采用哲学思维，找出工作包与工作包之间的内在联系、逻辑关系、时间顺序、制约条件，分清参建各方的责任，划分边界，约定工作完成时限，协同工作。

3）严密细致的项目管控工作计划

为了本项目的顺利实施，重庆联盛作为项目管理单位，在项目实施之初就制定了完善严谨的管控工作计划，包括项目里程碑计划、总进度实施计划，以及设计管理计划、招标工作计划、造价管理工作计划，等等。

4）全面应用 BIM 技术，实行数字化、可视化管理。

本项目以项目管理单位为主导，全面采用了 BIM 技术管理，主要工作内容包括：设计管理，对设计成果进行优化与完善；现场管理，引入了无人机及倾斜摄影技术，对工程进度、质量及工程量进行全面管控；运维管理，基于 BIM 技术，并结合物联网技术、系统运维管理平台研究，实现园博园智慧园区信息化、可视化运维管理。

4. 项目 BIM 主要实施成果

采用倾斜摄影技术，对原始地形地貌进行基于倾斜摄影技术的地形图绘制，为项目土方量工程计算提供可靠依据。

采用 BIM 技术，对项目土方量优化、转运、工程量核算提供技术支持。

采用无人机航拍，对项目整个区域内施工过程的监理和项目管理进行可视化管理。

（三）包头一中项目

1. 项目概况

包头一中项目位于包头市东河区井坪村，项目总用地面积 20.9hm²。建设内容包括：教学楼（地上 4 层）、行政办公实验楼（地上 4 层、地下 1 层）、食堂、学生宿舍（地上 6 层）、图书馆、网络信息中心（地上 4 层）、艺术楼、体育馆、风雨操场、报告厅（地上 2 层）。项目总建筑面积约 100880m²，总投资规模 49915.77 万元。

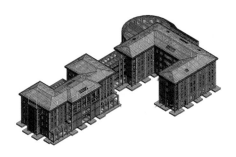

**2. 项目 BIM 实施要点**

1）设计验证与复核；

2）管线综合设计；

3）公共空间净高优化与分析；

4）专项深化设计。

**3. 项目 BIM 主要实施成果**

1）机电系统管线综合设计，优化机电系统实施方案，降低项目机电安装成本，提升项目实施品质。

2）项目公共空间净高大幅度优化，平均提高项目公共空间净高 400mm 左右，大幅提升项目使用品质。

| 范围 | 设计净高 | 综合后管底高度 |
|---|---|---|
| F1 | 走廊4000mm<br>房间4000mm | 走廊4400mm<br>房间4400mm |
| F2 | 7# 3500mm<br>8# 3500mm | 7# 3900mm<br>8# 3600mm |
| F3 | 走廊3500mm<br>房间3500mm | 走廊3600mm<br>房间3600mm |
| F4 | 7# 3300mm<br>8# 3300mm | 7# 3500mm<br>8# 3300~3500mm |
| 视频会议室 | 7000mm | 7500mm |

3）施工图设计成果校核避免项目实施过程中的设计变更，给出设计成果优化修改意见达 300 余处。

**7#图书馆/网络中心**

**F1**

问题1. 图纸问题·给排水系统

| 专业 | 给排水 | | |
|---|---|---|---|
| 图纸名称 | 7#横艺术楼图书馆一层给排水_t3 | 模型名称 | |
| 问题位置 | 轴(7/E-7/F-7/6-7/7) | 涉及专业 | 给排水 |
| 问题描述 | 平面图未见尺寸标注（按系统图建模） | | |
| 优化建议 | 设计核查 | | |
| 问题截图 | | | |
| 平面图 | | | |
| 系统图 | | | |
| 设计意见 | | | |

问题2. 碰撞类·建筑&结构

| 专业 | 结构 | | |
|---|---|---|---|
| 图纸名称 | 7#一层平面图 | 模型名称 | |
| 问题位置 | 轴(7/C-1/07-1) | 涉及专业 | 结构、建筑 |
| 问题描述 | 一层平面图中，洞口高度有误。横梯平台高度 2.3m、4.1m，梁下高度 5.1m、DK1953 与其冲突。 | | |
| 优化建议 | 如图：1 处，洞口高度改为4m；2 处，取消洞口。 | | |
| 问题截图 | | | |
| 三维图 | | | |
| 平面图 | | | |
| 设计意见 | | | |

# 七、小结

国内工程项目投资额及复杂度的不断增加，使建筑行业对项目管理咨询服务的需求越加明显，并急需能够真正承担全过程、一体化项目管理的企业。

当前行业现状，一方面，建筑主管部门不断推出了行业发展意见，力推工程项目的一体化管理理念；另一方面，国内能够提供这一水平服务的企业严重不足，成功案例少之又少。重庆联盛在项目管理工程实践方面积累了丰富的经验，并响应行业主管部门要求，积极推进项管一体化的项目实施。

BIM 技术基于其内在优势，在建筑行业的应用已经日趋成熟；由于大型建设项目自身的复杂特性，BIM 技术在其中的应用价值更加显著。重庆联盛在积极推进全过程项目管理一体化服务的同时，将 BIM 技术引入项目管理全过程中，主导 BIM 技术的实施，实现了管理与技术的高度融合。

**参考文献**

[1]《BIM 技术在内蒙古少数民族群众文化体育运动中心全过程项目管理中的应用解析》，2016 年首届"中国建设监理与咨询"征文。

[2] 住房和城乡建设部关于推进建筑业发展和改革的若干意见，(建市〔2014〕92 号)

[3] 关于促进建筑业持续健康发展的意见，(国办发〔2017〕19 号)

[4]《建筑工程信息模型应用统一标准》，送审稿。

[5]《建筑工程设计信息模型交付标准》，送审稿。

[6]《建筑工程施工信息模型应用标准》，送审稿。

# 全过程工程咨询是工程监理企业转型升级的必由之路

吴红涛

武汉华胜工程建设科技有限公司

**摘 要**：本文分析了全过程工程咨询的要件和主要工作内容，得出大中型监理企业较其他工程咨询服务企业主导全过程工程咨询更具优势，提出了以"大中型监理企业为主导，勘察设计企业为支持"的发展模式，给出了工程监理企业转型升级的方法与途径，并呼吁政府主管部门和行业协会共同培育市场环境，建设单位高度重视，进而推动全过程工程咨询健康发展。

**关键词**：全过程工程咨询 工程监理 转型升级

## 引言

国务院办公厅印发的《关于促进建筑业持续健康发展的意见》（国办发〔2017〕19号，以下简称《意见》），是关于建筑业改革发展的顶层设计，将改变咨询业阶段化、碎片化的现状，给监理企业带来机遇和挑战。同时，《"十九大"报告》中明确指出，"使市场在资源配置中起决定性作用，更好发挥政府作用"。因此，在新态势下，工程监理企业需认清形势探寻对策，借力政策转型升级，走全过程工程咨询之路。

## 一、开展全过程工程咨询的要件与主要工作内容分析

### 1. 全过程工程咨询要件分析

1）服务阶段为全过程，落脚点在咨询服务

全过程工程咨询涉及建设工程全过程，将现有的建设全过程的咨询业务整合在一起，对建设目标进行系统优化，实现更快的工期、更小的风险、更省的投资和更高的品质等目标，为建设单位创造价值。其服务阶段是全过程，核心和落脚点就是超值的咨询服务。

2）实现咨询组织模式的创新

依据《意见》精神，通过"加快推行工程总承包"和"培育全过程工程咨询"完善工程建设模式，未来的工程建设合同模式、项目组织架构相对简单直观，其项目组织架构形式如下：

这种由一家工程咨询服务企业作为咨询服务总承包方、将多个咨询服务单位在各阶段服务进行优化整合、为建设单位提供咨询服务的组织模式，将彻底改变业务交叉、责任推诿、合同繁杂、管理困难等现状，从而实现投资效益最大化，更好地发挥项目的社会效益和生态环境效益。

3）全过程工程咨询意义重大

全过程工程咨询理清了咨询行业深层次结构性矛盾，实现了点到线、线到面的系统整合，促进了咨询服务行业集中度，顺应了供给侧结构性改革之需；能够凝聚和培育一批适应新形势的咨询人才和领军人物，推动咨询企业转型升级并加快与国际工程管理模式接轨，积极参与"一带一路"项目建设，带动我国技术、装备、劳务"走出去"，增强我国工程咨询业的国际竞争力。

### 2. 全过程工程咨询的主要内容

全过程工程咨询是一种知识叠加、跨界融合、资源聚集的新业态。其主要内容是立足施工阶段监理的基础上，向

"上下游"拓展服务领域，提供项目咨询、招标代理、造价咨询、项目管理、现场监督等多元化的"菜单式"咨询服务。所以，全过程工程咨询要求综合实力较强的工程咨询企业牵头对上述内容进行整合优化，采用科学的管理手段主导各咨询服务单位协同配合，提供更为专业和全面的服务。而这些特征和属性恰好是大中型工程监理企业所擅长和具备的。

## 二、大中型工程监理企业主导全过程工程咨询优势及面临的问题

1. 大中型工程监理企业主导全过程工程咨询的优势

1）国家政策层面支持。自1988年推行监理制度以来，国家陆续颁布了《建设监理试行规定》《建筑法》《国务院关于投资体制改革的决定》《注册监理工程师管理规定》《关于促进建筑业持续健康发展的意见》等法规，就是在扶持、鼓励、推动、促进工程监理企业做强实力、做宽业务、高效服务，并向全过程工程咨询服务转型。

2）对项目全过程的大局把控优势。工程监理企业的全过程服务内容，以及工程目标的系统管控是其他工程咨询类企业所不具备的，在投资、质量、进度及安全方面的大局观和系统管理思维决定了其具有较强的工程管理能力和管理基础，且有良好的沟通技能，反应快捷，把控大局能力强。

3）资源整合的管理能力。工程监理企业通过娴熟的管理手段和工具对复杂的合同关系、众多的参建方、外部资源进行有机整合，确保了项目建设目标

完成。在监理行业近30年的工程监理实践中，锻造了一大批管理经验丰富的监理工程师和项目负责人，他们具有较高的工程管理水平、娴熟的沟通协调经验、较强的资源整合能力，能驾驭项目全过程工程咨询并使其顺利实施。

4）全过程的项目管理实战能力。得益于多年来建设领域政策层面铺垫和引领，大中型工程监理企业普遍开展了监理主业外的其他咨询业务。这类企业具备多项监理甲级资质甚至综合资质，具备一项或多项其他类咨询资质，其企业法人治理架构清晰，机构设置完备，有完善的项目管理体系、质量安全管控体系，有大量的全过程项目管理实战经验，能迅速进入角色并主导全过程工程咨询开展。

2. 大中型工程监理企业主导全过程工程咨询面临的问题

1）监理社会地位不高。建筑市场的不规范和从业者素质偏低、"旁站"和安全管理压力制约了监理成为独立的第

三方提供智力服务，导致社会对监理认可程度不高，行业地位不高，不利于市场培育。

2）设计人才不足。监理企业缺乏前期规划咨询、投资咨询、法律、经济、设计、信息化等方面的专业人才。员工收入普遍偏低，部分企业的人员流动大。

3）不利于行业发展的舆论导向。目前业内有勘察设计企业主导全过程工程咨询的舆论倾向，而由监理企业主导的呼声微弱，不利于监理行业健康发展。

## 三、勘察设计咨询企业开展全过程工程咨询利弊分析

1. 勘察设计类企业开展全过程工程咨询的优势

1）设计技术优势明显。勘察设计类企业在项目前期方案，施工图设计方面较其他咨询行业有明显优势，如协助具有管理优势的咨询企业能充分发挥在

黄石谈山隧道立交桥（武汉华胜工程建设科技有限公司）

全过程工程咨询服务中的技术优势。

2）规范标准意识强。勘察设计企业在设计强制性条文执行、节能环保、绿色生态、新工艺技术推广方面有优势，对项目建设全寿命周期投资效益发挥着较为重要的作用。

2. 勘察设计类企业开展全过程工程咨询的不足

1）缺乏项目管理类人才和现场管理经验。目前普遍存在设计任务繁重、参与施工程度不高、深入现场频率较少的现象，导致其在项目组织、规范执行、工艺把控、安全管理、应急处理、协调沟通等方面经验不足，高效组织其他咨询单位协作共融方面是其薄弱环节。

2）工程咨询业收入现状决定了勘察设计企业转型全过程工程咨询困难。毋庸置疑，此类企业效益、员工收入水平高于其他类型咨询企业，如与上述企业开展市场竞争，在服务费报价方面几无优势，将导致市场开拓困难、员工的收入降低、工作环境变差，从而导致员工不稳定、工作积极性降低，不利于企业的健康发展。

3）因新型组织模式下的工程总承包和全过程工程咨询均需设计技术作为支持，利好于勘察设计类企业，但设计技术的获取方式很多，且按照国际惯例，一家企业不可能在同一项目上既从事工程总承包又从事工程咨询。遵照市场规律，从事工程总承包相对于全过程工程咨询收益更高，其参与全过程工程咨询的积极性和服务效果将打折扣，原因不言自明。

3. 其他咨询服务类企业从事全过程工程咨询的优劣分析

与勘察设计类企业一样，其他如投资咨询、造价咨询、招标代理等咨询服务类企业在其服务的单一领域优势明显，但不具备主导全过程工程咨询必备的综合管理能力。

尽管在主导全过程工程咨询方面，勘察设计咨询企业不如工程监理企业有明显的优势，但辩证地看，如果他们能顺应国家政策并遵循市场规律，强基础补短板，合理定位角色，谋划转型升级，或将成为全过程工程咨询中的重要力量。

## 四、大中型监理企业主导全过程工程咨询优势明显

基于以上分析，无论是企业内部管理还是工程全过程建设管理方面，大中型工程监理企业优势明显，以"大中型监理企业为主导，勘察设计企业为支持"的全过程工程咨询服务模式将是最佳组合和最明智的选择。大中型监理企业应借此模式实现转型升级，合理定位并探索发展之路，提高工程咨询服务水平，促进建筑业持续健康发展。

## 五、大中型工程监理企业向全过程工程咨询转型升级的方法和路径

1. 抢抓机遇树信心

"信心比黄金更宝贵"，监理企业必须树立引领全过程工程咨询的信心。全过程工程咨询强调的是咨询、管理、组织，是利用系统科学的管理方法，组织、主导、整合各类咨询企业的业务，为建设单位提供系统、科学、超值的咨询服务，并不是一家企业"单打独斗"，所有业务并不一定要自己亲力亲为。因此，监理企业理应自信，在企业管理、咨询

实践、组织协调、管理人才、转型升级等方面我们颇具优势，这是我们做好全过程工程咨询的最好保证。

2. 针对劣势补短板

1）夯实人才基础。监理企业需未雨绸缪，加大优秀项目管理人才的培养。做好设计技术人才的引进，如注册规划师、建筑师、设备师等，充实咨询工程师（投资）、法律专业、信息管理人才，并通过内部挖潜培育优秀的项目负责人。打造一只既懂宏观又懂微观，既懂技术又懂管理，既有高智商又有高情商的复合型人才团队，成为全过程工程咨询的组织者、主导者和管理者，提升竞争力和生产力。

2）注重信息化建设。监理企业应加大科技投入，采用先进检测工具和专业软件，通过信息化手段，借力"互联网+"，创新咨询管理服务手段，把参建各方融入协同工作的信息平台中，从而实现"精准设计、精确采购、精益管理"，提高咨询服务的技术含量，提供权威的信息和数据，彰显服务价值，发挥全过程工程咨询单位的主导作用。

3）完善企业组织模式。受限于现有业务类型，监理企业多采用职能式组织模式，不能发挥全过程工程咨询服务模式下对多个咨询单位的统筹、指导、主导作用，也不能发挥项目管理优势。监理企业要向多领域（专业）、多层次，具备核心竞争能力、资源能力互补的多元化企业组织模式转变。

3. 找准路径促转型

1）监理企业直接作为全过程工程咨询服务总承包单位开展业务。此种模式适合部分专业领域并有特殊人才背景的大型监理企业，凭借其娴熟的项目管理、技术优势，借力现有的政策主动出

击，直接与建设单位签订咨询服务总承包合同，在自身具备的资质范围内从事相应的业务，把不具备的资质服务分包给其他咨询单位。

2）联合具备其他优势的咨询企业开展全过程工程咨询服务总承包业务。此模式适合大多数规模大、品牌力强，在业内有一定影响且有类似大型工程项目管理（代建）经验的大中型监理企业，能充分发挥其项目管理和人才优势。通过联合优势咨询企业补短板，开辟全过程工程咨询业务，向全过程工程咨询服务总承包企业迈进。

3）作为咨询服务，专业咨询分包，参与全过程工程咨询服务的某一阶段或某一专项工作。此模式符合大多数中小型规模的监理企业，作为专业咨询分包参与全过程工程咨询，提供菜单式咨询服务和有特色的专业咨询分包服务。

4. 顺应政策育市场

尽管国家在政策层面推行全过程咨询服务，但目前市场培育缓慢。因此，监理企业应积极响应《住房和城乡建设部关于促进工程监理行业转型升级创新发展的意见》建市〔2017〕145号文要求，在立足施工阶段监理的基础上，向"上下游"拓展服务领域，扩展"菜单式"咨询服务范围。同时要做好理论学习、人才储备，企业间抱团取暖，借力行业协会加快政策推进，培育健康而广阔的全过程工程咨询市场，促进转型升级。

## 六、政府和行业协会引领，促进监理企业主导全过程工程咨询的转型升级

1. 对政府层面的建议

应尊重"市场在资源配置中起决定

性作用"的规律和利用"四库一平台"，推动完善行政监管和社会监督相结合的诚信激励和失信惩戒机制，营造工程咨询服务市场诚实守信的良好环境，让市场来选择全过程工程咨询的主导力量；完善招投标制度，从法律层面解决承揽全过程工程咨询业务难题；出台全过程工程咨询的管理办法、实施细则等指导性文件；加快企业资质和职业资格梳理，促进工程监理企业的快速转型；加强政策引导和宣传，制定奖励机制，鼓励业主单位采用全过程工程咨询模式，培育和规范市场。

2. 对建设单位的建议

建设单位应认识到采用全过程工程咨询的最大受益者就是其本身，认识到此模式有利于工程科学决策从而效益最大化，有利于合同管理从而规避风险，有利于项目组织从而高效管理，有利于目标管控从而顺利实施。建设单位应顺应新态势，从项目筹划开始就采用全过程工程咨询模式，进而从中受益。

3. 对行业协会层面的建议

行业协会应研究并制定全过程工

程咨询服务的收费指导标准、行为准则、服务标准、控制重点及责任体系，促进有序竞争，提高服务品质，加快制度推行；营造以"大中型监理企业为主导，勘察设计企业为支持"的全过程工程咨询舆论氛围；组织监理企业开展学习交流，引导企业认清形势，提前谋划筹备，提高理论和业务水平；强化行业自治，推进全过程咨询服务企业诚信体系建设，建立信用评价体系，提升服务质量维护行业形象，使监理企业加快步入全过程工程咨询的转型升级之路。

## 七、结语

全过程工程咨询作为一种新业态，必将促进工程咨询服务行业的重大变革，在政府和行业协会引领下，"以大中型监理企业为主导，勘察设计企业为支持"的全过程工程咨询模式必将实现，工程监理企业必将在主导全过程工程咨询转型升级的道路上阔步前行。

中国建设银行武汉灾备中心（武汉华胜工程建设科技有限公司）

# 对工程总承包（EPC）管理模式的几点思考

葛广凤[1]　高家远[2]

1.山东华能建设项目管理有限公司；2.济南市建设监理有限公司

摘　要：工程总承包模式（EPC）是国家优先推行的一种承发包模式，对于促进总承包企业提升管理水平，做优做强，具有重要的意义。在现阶段下，该模式既有实施的优点，但又存在诸多不足，本文结合亲身实践，从建设单位角度、监理方角度、项目招标及实施等方面，对实施过程中出现的不足之处进行了分析，提出了总承包模式工程的实施条件和解决问题的建议。

关键词：EPC　总承包　模式

## 引言

工程总承包（EPC）是我国政府部门大力推行的一种承发包模式，即设计－采购－施工总承包，推行总承包的意义主要是有利于提升项目可行性研究和初步设计深度，实现设计、采购、施工等各阶段工作的深度融合，提高工程建设水平，促进总承包企业做优做强，推动产业转型升级。总承包模式是否成功，应该看总承包项目是否实现了上述实行总承包模式的目的。从有关工程总承包的资料介绍来看，基本是从总承包方管理的角度，对项目组织、设计管理、技术管理、采购管理、物流管理、施工安全管理、试运行与竣工验收管理等诸方面进行描述，很少从发包方或者工程管理咨询方角度出发的有关资料。笔者作为监理方有幸参与了一个房地产开发项目的工程总承包项目的监理工作，就管理过程中遇到的问题进行了梳理总结，以便以后有机会更好地完成这方面的工作。

## 一、工程总承包模式建设项目的基本情况

### （一）承包内容

施工单位和设计单位组成联合体中标该项目，该项目为住宅房地产开发项目勘察、设计、施工总承包（EPC）招标，招标内容包括本工程的勘察、设计、施工总承包及保修。所报建筑面积平方米单价固定，固定平方米单价包括完成项目勘察、设计、施工、小配套、设备及材料采购等至房屋交钥匙（交钥匙标准为符合设计要求，建筑单体完成质监备案，室外市政、园林景观通过验收满足入住条件）发生的所有费用，以及合同明示或暗示的所有责任、义务和不可抗力以外的一切风险费用。

### （二）项目概况

本工程项目总用地面积为284075m²，分为南北两个地块，总建筑面积约496246.03m²，其中地上建筑面积356005.60m²，包括住宅341038.23m²，配套公建14967.36m²；地下建筑面积140240.43m²，包括地下车库建筑面积88507.68m²，地下储藏室建筑面积47087.33m²，其他配套地下建筑4645.42m²；总投资约359240万元。项目配套建设室外工程，其中绿化面积约97641m²，道路及广场面积108139m²，居住总户数2098户，总人口6715人。整个项目居住总停车位约2604个，其中居住区地下停车位2499个，配套公建区地面停车位105个。

## 二、工程总承包模式建设项目的优势、亮点

（一）工程总承包模式建设项目的优势

1. 与平行承发包模式相比，减少了建设单位施工现场的勘察、设计、室内外施工的协调工作量，能够发挥责任主体单一的优势，由工程总承包企业对质量、安全、工期、造价全面负责，责任明晰。

2. 减少了建设单位在平行发包模式下需承担的质量、安全、进度、采购等风险，减少了因平行发包所带来的工期索赔、费用索赔、质量纠纷。

3. 可以通过固定价合同和风险分担，控制投资总额，有利于降低工程投资风险。

（二）工程总承包模式建设项目的亮点

杜绝了工程签证的发生，有效控制了工程造价；每平方米单价固定，工程款支付节点明确，工程款审核简便高效，不需专门的造价咨询单位审核，减少了建设单位聘用造价咨询单位的费用支出。总承包单位负责施工过程中的手续办理，建设单位仅需要配合和做些简单的协调工作。

## 三、工程总程包模式建设项目实施过程中存在的问题及合理化建议

（一）存在的问题

1. 工程总承包模式是一种新型的模式，建筑市场一直以来均由建设单位负责市政配套工作，此项工作可谓已轻车熟路；而总包单位经验较缺乏，工程总承包企业在实现设计、采购、施工等各阶段工作的深度融合和资源高效配置方面缺乏经验。总承包单位派驻现场项目部的实力水平几乎决定了本项目能否成功完成预定目标，实力水平体现在总包单位项目部的管理水平，与政府及水、电、气、热等部门的协调能力、技术能力、现场组织能力，对劳务队伍的选择能力、管控能力、纠偏能力等。

该项目设计单位是联合体中标单位，总包单位应设立设计管理部，由设计院人员组成，现场负责设计的总工不应是施工单位的工程师，现场的工程师发现问题，或者建设单位、监理单位提出的问题，仍需由施工单位的现场总工反映给设计人员，增加了协调的线路、时间，管理线路越长，越容易出现信息沟通不畅，出图慢的情况，特别是室外工程，很多情况只有电子版图纸，即开始施工，根本没有图纸会审的时间，不利于及时指导施工以及和建设单位、监理单位及时沟通。

2. 总包单位基本专长于某一方面，比如专长房建施工，但是对室外市政工程项目很不熟悉，配套队伍又不专业，即便有监理单位现场监督，由于施工不专业，也会造成施工过程中众多的质量问题和安全隐患。工程总承包模式下的房屋住宅小区的建设，有房建、市政管网、道路、绿化施工，施工内容琐碎、复杂，各专业队伍交叉作业施工，多工种施工队伍几十家，对工程总承包管理的认识不足，施工企业内部沿用传统的管理模式，从资源调整到政策的扶持，不能较好地满足工程总承包项目的运行需求。

3. 联合体有关专业施工单位的工程款项经过总承包单位支付，即便建设单位按合同支付工程款，联合体有关单位不一定能够及时得到足额的工程款，造成施工进度缓慢。

4. 招标文件中技术要求不严谨，如不低于某某项目工程标准，某某项目标准既不是国家标准，也不是行业标准，即使现场观摩，也只是表观现象。

5. 招标文件规定了建设手续办理由总包负责，人员及办公费用已包括在投标报价中，但在办理手续时，费用缴费方面由谁承担，界定不清楚。

6. 付款条件中，对于室外市政园林工程款的支付节点过于笼统，不便于具体操作，例如回填土完成：回填土完成是指车库顶绿化范围内的种植土回填完成，还是指道路管线的回填土完成呢？

7. 进度控制方面，由于施工单位项目部自身能力和定位等问题，不能很好地掌控整个施工阶段，在出现进度滞后问题时，不能积极主动地协调调动各参与方，更无法提前对影响进度的因素分析解决，一旦进度滞后很难弥补。

8. 总包单位没有专门的部门和专业的人才来办理建设手续，基本都是由施工管理人员兼职，施工管理人员没有这方面经验，出现问题后不知所措，没有统一的计划安排。

9. 现场项目部关键岗位的管理人员流动性太大，重要岗位的人员抽调频繁，后续新进人员很难很好地衔接。

10. 自来水、热力、燃气、电力、有线电视、网络运营商等工程都属于总承包范围，根据现行政策规定，这些专业施工单位无法同总包单位签订合同，其签订单位需同建筑规划许可证保持一致，且涉及竣工后与小业主及物业单位移交问题，特别是公建部分。无法同总包单位签订合同，那么工程总承包承包

价款中的配套工程费用也不适合由建设单位支付给总包后再由总包单位付给配套单位，发票只能开给合同签订单位即建设单位，但如此又造成总包单位无法抵税。

（二）合理化建议

1. 总包单位项目部应设置设计管理部，因本项目是施工单位和设计单位的联合体投标，设计总工应由设计单位的项目负责人担任，需常驻现场，确实不能常驻的，应每周来两次工地，另派一名熟悉业务的设计工程师常驻现场工作。设计总工应综合考虑设计进度、查验现场，对于施工现场中遗漏的，或者需要修改设计的，及时主动补充完善，主动解决设计问题，而不是施工单位有问题反映给设计单位，设计单位再去解决，这样才能真正发挥工程总承包设计施工总承包的优势。

2. 对于像本项目这么大的小区，施工单位项目部管理人员应分三个片区配置，分片办公，管理人员应相对分离固定，每个片区的负责人应是项目副经理级别，片区负责人应具有对管理人员、施工队伍的绝对管理权，片区内的各类资源调度权。

3. 总包单位项目部应成立开发部，不兼职于施工现场的施工管理，对建设手续办理的各个关键点提前作出预控，融入整个施工过程。人员应固定，具体负责建设手续办理、消防、自来水、燃气、电力、节能、人防等专项验收，以及档案移交和综合验收备案工作，处理水、电、气、热、通信等的对外协调工作，建设单位可派具体人员参与协调工作，以便整合资源，提高办事效率。

4. 室外市政工程、园林工程是总包单位的弱项，应要求总包单位联合专业资质单位施工，让专业的队伍干专业的事。室外市政施工应划分三个区域，或者三个不同的市政施工单位。

5. 在招标文件中可以要求在总包单位没有按照建设单位付款的比例付给专业单位时，可以直接拨付给专业施工单位。

6. 明确建设手续办理过程中费用缴纳由谁负责。政策规定必须以建设单位名义缴纳的费用，建议由建设单位缴纳，不再由施工单位缴纳。

7. 室外工程进度付款在合同中单列付款进度节点，按专业特点划分明细，便于控制质量和计量。

8. 勘察阶段不宜列入总承包招标内容，在没有勘察资料的前提下，严重影响设计工作的开展和工程总承包报价的准确性。采用工程总承包模式，必须首先有详细的设计任务书（包括室内、室外），各种详细的勘察报告资料；现场各种做法要详细明确，避免后期由于做法变更或品质提升从而导致造价变化过多；对较大变更的经济签证问题，建议有个明确的数值划分界限。招标前应完善方案设计工作，包括单体建筑及室外工程，有利于施工图设计及造价控制。明确总承包技术要求，主要装饰材料和设备应具体，可要求相当于"某品牌"标准，对于结构和装饰工程中的隐蔽工程，满足规范要求即可。对于"营改增"、环保治理及市场因素引起的人、材、机等费用的涨价，可规定一定的价格上涨风险比例。在招投标过程中可约定按照平方米造价或相关配套费用总和的比例来计算配套费用，这部分费用如遇政策变化可以调整，便于双方合理承担风险。

9. 合同中明确大的进度节点和建设手续办理的节点（可以适当细化为房建和市政园林两部分节点），项目各实施阶段的目标必须明确，同工程款支付节点相结合，在平时完不成节点的时候，启动违约处罚措施。

10. 在合同中明确重要岗位的管理人员服务期限，提前离岗或者不作为的，有具体的处罚措施。

11. 政府部门应针对工程总承包模式进行管理创新，主管部门应出台相关文件，使单位可通过建设单位出具的相关委托书与市政、水、气、电、热等配套单位签订合法的相关小配套合同，也可规定配套单位可以直接对接总承包单位。这样配套单位可以将小配套费用的发票开给单位。在办理建设手续的费用缴纳上，允许总承包单位以其单位的名义缴纳。

## 四、结语

总之，在EPC工程实践的过程中，需要政府建设主管部门的管理制度和程序做好与EPC模式的对接，各参建单位需改变传统的管理模式和意识。目前虽然会有这样那样的问题存在，相信经过参建各方和政府有关部门在工作中的不断改进和完善，能够不断促进工程管理水平的提高，工程总承包模式将会得到更广泛的应用。

参考文献

[1] 建设项目工程总承包管理规范GB/T50358-2017.
[2] 建设项目工程总承包合同示范文本GF-2011-0216.

# 转型正当时，监理须自强

党秀浩　李明明

河南省天隆工程管理咨询有限公司

摘　要：任何"长寿"的行业都必将经历时间漫长的磨炼和社会刺痛，就像流传至今的真理都需历经千万次的实践证明一样，监理行业亦是如此。从无到有、从小到大、从大到盛，监理行业百花齐放的繁荣无疑是中国监理的骄傲，但同时我们也不得不去思考这繁荣背后正在萌发的变革力量。中国工程监理制度建立30周年，"三十而立"，何为"立"？因何"立"？如何"立"之长久？这些都是监理人需要深思的。

关键词：转型升级　"立"与"破"　全过程咨询　人才队伍　国际工程

## 一、我国建立工程监理制度

首先，我国监理制度本身就是时代变革的产物，是市场经济逐步完善和建设领域群体觉醒的一项重要标志。所有谓为"理"的事物，皆蕴含哲学的意趣，"监理"同哲学一样，也正是因为其把握了时代的脉搏，反映了时代的任务与要求，才得以在30年的时间里在中国发展壮大。

1988年7月25日，原城乡建设环境保护部发文《关于开展建设监理工作的通知》被视为中国监理制度的发端；同年11月28日，建设部又发布了《关于开展建设监理试点工作的若干意见》确定北京、上海、天津、南京、宁波、沈阳、哈尔滨、深圳八市和能源、交通两部的水电和公路系统作为全国开展建设监理工作的试点单位；1992年，随着《工程建设监理单位资质管理试行办法》《关于发布建设工程监理费有关规定的通知》等一系列的规章制度的发布实施，监理制度在我国的发展已势不可挡；到1996年，我国开始全面推行建设工程监理制度，一大批监理企业也在这一阶段趁势成立，时至今日，成就了监理行业百花齐放，争奇斗艳的繁荣局面。

回看我国建立监理制度的初衷与目的："参照国际惯例，建立具有中国特色的建设监理制度，以提高投资效益和建设水平，确保国家建设计划和工程合同的实施，逐步建立起建设领域社会主义商品经济的新秩序。"经过30年的发展和演变，可以说已经实现了"初心"与"特色"融合并现的中国监理情势，但是也暴露了监理行业的弱点和发展局限。监理30年的"立"与"未立"也在影响着行业的走势。

## 二、监理30年的"立"与"未立"

作为一个普通的监理从业者，可能从见识上还未完全达到"洞见底蕴"的程度，但并不影响从本心出发谈一下行业发展中的"立"与"未立"。

1. 名分虽"立"，地位"未立"

从担任的角色来看，监理是受建设方的委托，依照法律、行政法规及有关的技术标准、设计文件和建设工程承包合同，对承包单位在施工质量、建设工期和建设资金使用等方面，代表建设单位实施监督，是业主和施工单位之间的纽带；加之我国实行强制性监理，表面上看赋予了监理较大的权力，监理人员也好像具有一定的"执法权"。但事实上，监理处于一种既尴尬又无奈的境地，虽有名份，实无地位。

一方面，作为具有社会性和中立性的第三方，虽受业主委托，但很难真正得到业主的信任，更难以树立监理的权威；另一方面，为降低成本，一些监理单位聘用社会闲散人员充数，更加剧了业主的不信任和施工单位的蔑视。在多种不良因素的推动下，近些年取消监理的声音甚嚣尘上，不仅在国内地位尴尬，在国际上也根本没有发言权。随着对监理的误解和偏见持续扩大，导致一些强势企业甚至采用"自监"方式规避国家的强制监理制度，造成一系列的安全事故和质量问题，直接影响了社会的安定和团结。目前，监理行业已然陷入"地位越低，收入越低；投入越低，服务越低；形象越低，地位越低"的循环之中，亟待寻找出路。

2. 队伍虽"立"，形象"未立"

有一个真实的案例，当大型国企做施工工作的名校毕业生遇上中专毕业的监理员，矛盾无可避免，学历学识差异、认知程度差异，加上彼此

渤海大厦（河南省天隆工程管理咨询有限公司）

天然的不屑与排斥，很难在工程建设中形成合力，结果必然是互相指摘和埋怨，危害的必将是业主的利益。

根据住建部发布的《2017年建设工程监理统计公报》，"2017年年末，工程监理企业从业人员1071780人，专业技术人员914580人，注册执业人员为286146人"。如此庞大的监理队伍，却被贴上"平均学历低、文凭低、素质低"的标签。相对于我国监理行业的低门槛，一些发达国家对监理从业人员一直坚持高素质要求，如美国的监理工程师，不仅要求具有非常强的专业技术能力，还要精通经济、合同等方面的法律，其认定程序一般需要经过8~10年左右的时间；美国的监理工程师也极具权威，签发的"开工令""停工令"等指令都具有法律效力。因此要想从根本上提升监理行业的形象，还是要从门槛上着手，"严进严出"，逐步树立起监理行业的权威。

3. 意识虽"立"，认识"未立"

我国工程监理制度建立30年来，监理概念已深入人心，监理意识也基本人人具备，但若论对监理工作的认识程度可谓非常肤浅。在我国，监理即是"施工监理"的思维定式很难在短时间内改变，即便是"施工监理"也很难清晰界定监理的工作范围和权责界限。相对于国外的"全过程监理"或"全过程咨询"，我们"断点式介入""碎片化咨询"的方式不仅没有展现出专业优势、专注精神、灵活机动、降低成本的效用，反而造成了衔接失当、资源浪费、重复工作、成本增加、质量失控的后果，归根到底源于对监理的认知误区。

中国有句古话："凡事预则立，不预则废"。这句话用在监理行业再适用不过；比如欧美等发达国家的监理虽然是全过程监理，但一般多偏重前期投资建议、项目策划、可行性研究、规划设计、招标等环节，以前期策划性工作为主，担任业主的参谋和顾问的角色；而作为施工阶段介入的我国监理行业，多担任业主发言人和监工的角色，很难从认识上促进角色改变。

## 三、监理的破局之路

**1. 监理本身就应该是更深层次的全过程工程咨询服务**

跳出思维定式和思想藩篱，将监理回归到全过程工程咨询的本质上来是当下监理行业的当务之急，整个建设领域的整合虽然是大势所趋，但仍然面对不小的改革阻力。2018年3月16日，上海市建委发布《关于进一步改善和优化本市施工许可办理环节营商环境的通知》："在本市社会投资的'小型项目'和'工业项目'中，不再强制要求进行工程监理。建设单位可以自主决策选择监理或全过程工程咨询服务等其他管理模式。鼓励有条件的建设单位实行自管模式。鼓励有条件的建设项目试行建筑师团队对施工质量进行指导和监督的新型管理模式。"2018年4月23日，北京市建委发布《关于进一步改善和优化本市工程监理工作的通知》规定："对满足条件的一些建设项目，建设单位有类似项目管理经验和技术人员，能够保证独立承担工程安全质量责任的，可以不实行工程建设监理，实行自我管理模式。鼓励建设单位选择全过程工程咨询服务等创新管理模式。"

这些探索其实正是为将监理从"施工监理"拉回到"全过程监理"的正途上来所做的努力，"全过程监理"和"全过程咨询"仅仅是称谓上的不同，其本质并无二致。只有将散碎的行业分类拉回到建设领域的大框架里，整合优势，融合智慧，才能形成具有国际水平的综合咨询队伍。

**2. 门槛只能提高，不能降低**

国外的全过程工程咨询片面强调前期咨询的重要性，然后依赖于国家健全的法律体系以确保施工企业不敢逾越雷池；而我国的监理制度依赖过度的现场监督确保工程各项目标的实现，其实殊途同归，目标一致。如何形成完善的，具有中国特色的全过程工程咨询体系，应该"存己家筋骨，取众家之长"，不盲目吸收、不轻易丢弃。这对从业企业来说将是一次巨大的挑战，因为转型绝不是由强转弱，如何向强处转型，肯定是高门槛、高水平、高质量。无论是从业人员的培养流程、培养年限、学历水平、综合素养，还是企业的整体人才队伍都不能再陷入贻笑大方的误区和泥淖；同时，软硬件设施要完备，除现场根据需要由业主或承包商提供必要的设施外，还要有自己的固定设备资产，包括办公软件、办公设备、实验室、勘测设备、运输工具、通信器材等，坚决杜绝"草台班子""借台唱戏"的现象出现，提升监理行业的整体形象。

**3. 建筑业的信息化进程需再提速，工程咨询手段要尽快更新**

郑东新区北三环—龙湖中环路东立交桥（河南省天隆工程管理咨询有限公司）

在全社会均已迈入"互联网+"时代的大背景下，建筑业的觉醒其实也在进行中，但是进程依然缓慢，"集中力量办大事"的政治决断在技术革新上的确面临着人才短缺、道路指向混乱的限制。欧美国家实施高技术、高智能、现代化的咨询手段，不局限于施工现场的控制，更注重在技术上、方法上、效益上的控制。《中国建设报》曾刊载文章指出："监理企业构建一个基于BIM（建筑信息模型）、移动通信、云计算等技术的大数据信息平台，通过平台采集参建各方的工程建设全过程数据，实现参建各方信息的共享和追溯。基于此平台，主导参建各方协同作业，建立目标管理信息系统，对全过程信息采集、汇总、分析，实现监管信息互联共享，提高目标管理尤其是施工安全监管水平。"目的虽好，思路上却没有把握好。由此不仅联想到目前招投标行业流行的电子招投标一样，正是因为缺乏统一指挥调度，导致形式五花八门，标准无法统一，反而有悖于"放管服"的基本要求，造成重复成本的增加。正因有前车之鉴，监理行业才应该明确"如何定标？谁来主导？谁将获益？"的问题，由行业主管部门或行业协会牵头，集中调度优势资源，建立一套完备的、科学的、统一的全过程工程咨询管理系统，然后在行业内逐步推广实施，最终实现行业的整体提升和全面转型；而不是让勉力维持的监理企业像无头苍蝇一样，四处碰壁。

**4. 整合优势资源，培养一批具有国际化视野的综合型咨询企业**

以"一带一路"为引擎，推动构建人类命运共同体，无疑是当今世界的热门话题，由中国推动的"一带一路"建设在推动教育、科技、文化、体育、旅游、卫生、考古等领域蓬勃发展的同时，也为我国的工程咨询企业走出国门提供了良好的契机，特别是一些大型央企已经走在了前列。但是放眼国际工程咨询市场，欧、美、日等发达国家公司垄断市场的程度依然很高。2005年，全球200家大设计咨询公司中，欧、美、日公司166家，占83%，但却占有国际设计咨询总营业额的89.5%，虽然经过几年的追赶，我国在国际工程咨询领域开始崭露头角，但依然无法撼动先入者的垄断地位。因此，整合一批具有开拓意识、创新精神、资源条件、人才队伍的监理企业，通过"一带一路"建设、中非合作"八大行动"等契机，在国际工程咨询市场中锤炼一批国际顶级的综合型咨询企业，真正让"中国监理"为世界所认可，提高技术话语权可谓迫在眉睫！

行业变革之初，必将是"温水煮青蛙"的慢杀状态，只有具有超前意识、国际视野和行业自信才能避免被愈演愈烈的变革态势碾压。面对纷纷攘攘的不同声音，如何尽快找准方向突围才是全国8000余家监理企业的生存之道，转型正当时，监理须自强！相信凭借中国监理人的智慧，将会有越来越多的中国监理企业走出国门，在国际舞台上大放异彩。

开封总商会大厦（河南省天隆工程管理咨询有限公司）

**参考文献**

[1] 何柏森. 国际工程管理人才的培养 [J]. 天津大学学报，2012.
[2] 张梦泽. 基于中外对比的我国建设监理行业分析 [J]. 建设监理，2016.

# 以自治促自律　以创新促发展

## ——武汉建设监理与咨询行业协会工作纪实

**陈凌云**

武汉建设监理与咨询行业协会

随着科技的迅猛发展，经济全球化日渐加深，创新已成为经济社会发展的重要驱动力。创新，是当今世界的主题——知识创新、科技创新、产业创新不断加速。创新，不仅仅是一个满世界都可以看见的字眼，更是当今世界一股强劲、实在的潮流。这一潮流关乎一个国家的前途，关乎一个社会的活力，关乎一个行业的命运。

在改革开放不断深化、经济发展方式加快转型和社会主义市场经济体制不断完善的过程中，武汉建设监理与行业咨询协会在行业自治、参与顶层制度设计、政府购买、行业交流合作等多方面进行了有益的探索，本文从协会创新实践展开，试图为行业协会参与社会治理，推进行业发展，促进社会建设提供一些有益的借鉴和参考。

## 一、以行业自治促行业自律

如果说政府监管是行业健康发展的根本保证，企业创新是推动行业发展的主要动能，那么行业协会则是架设在政府与企业间的重要桥梁，是推动行业自律、规范行业行为、提升行业品质、保障公平竞争的重量级推手。协会五届领导班子结合行业现状，通过走访、调研，结合本地区行业发展总体情况，提出了一整套解决行业旧问题的方案，制定了比较系统的措施办法，走出了一条"立规建制＋行业自治＋倒逼机制"的行业自律新路。

1. 制定行规行约。行业协会作为一个自治性民间社会组织，需要通过制定行业规则来实现自律管理。我们通过修订和出台了如《武汉监理行业自律管理规定》《武汉建设监理行业自律公约实施细则》等一系列包括行业自律公约、从业人员的道德规范以及行业诚信评价体系的行规行约，对在行业内各企业的权利和责任进行协调、平衡的过程中，通过谈判、协商、合作等方式，在全行业内达成共识，大家共同遵守。

2. 行业自治。作为企业家出身的行业领导，汪会长坚信"企业好，行业才好；行业好，企业会更好"的行业发展理念，全身心投入行业工作中来，先后提出一系列鲜明主张：大力倡导全市监理一家人，共建监理大家庭；大力倡导企业之间打价值战、不打价格战；大力倡导在企业之间开展有序竞争、诚信自律、履职尽责与交流合作等。2016年初，他又结合我国建筑市场监管从"管理"思维向"治理"思维转变的契机，提出了"行业自治"的新模式，建立会长（常务副会长、监事长、副会长）牵引、常务理事（监事）主导、理事带头、会员参与、协会监督的"1+2+5+N"行业自治体系新构架。

活动开展至今，8个行业自治小组共180余家会员单位中，有156家单位参与行业自治活动百余次，活动形式包括学习讲座、现场观摩、经验交流等，覆盖面达到80%以上。

3. 落实职责、倒逼价值回归。2017年5月以来，协会配合武汉市城建委开展了全市建设工程监理专项检查活动，联合政府共下达责令整改督办单100多份，提出整改意见2000多条。市城建委还多次正式发文，对监理履职不到位、工作不作为、现场管控能力弱、扰乱市场的企业进行了全市通报批评，同时还专题召开建管口的讲评工作会，邀请协会专家作大会讲评。我们通过政府管理部门的监管之手，用适合自身行业特色的诚信评价体系，倒逼企业把履职尽责真正地落实到每一个在建项目中，形成行业规范发展的合力，打造出"政府外部监管、行业内部督导、企业自律发展"的行业治理新格局。

## 二、参与顶层制度设计和政府购买服务

做好协会工作要从源头上关注行业政策和标准的制定。近年来，协会积极参与地方政府顶层制度设计，先后起草或主持编写、修订了多项行业规范、规则，圆满完成了多项课题研究。

2016 年，完成湖北省公共资源交易中心《湖北省监理招投标示范文本》修订工作，废止了"最低价中标法"，同时，将行业协会《计费规则》纳入其中。

承接市城建委《武汉建设监理履职尽责工作标准研究》课题研究，被武汉市质监局立项上，升为武汉地区《建设工程监理规程》（地方标准）。

2017 年，完成《湖北省建设工程代建招标文件示范文本》。面对全面深化改革的不断推进和政府减政放权的新常态，协会积极思变、大胆尝试，认真学习政府购买服务的招投标方式，关注行业发展和社会责任，在湖北省公共资源交易监督管理局、市城建委公开竞标方式的政府购买服务中多次中标，从课题研究到建筑业管理，成功实现转型。

2017 年 7 月，通过参与公开招投标，中标市安监站购买服务——"2017 年度武汉市工地文明施工专项检查"，成为总承包单位，负责全市 17 个片区近 3400 个在建工程工地的整治、夜间巡查和专项保障巡查等任务。

在市政质监站委托开展的"武汉市轨道交通 5 号线土建工程市场行为政府购买服务"专项报告中，站在促进行业健康发展的高度，提出了如"建议结合监理行业实际修订轨道交通招标文件，引导企业诚信有序竞争；建议业主认可总监理工程师代表业绩；建议业主及时支付监理服务费"等一系列建议和意见，得到业主方积极回应和会员企业的一致好评。

2017 年 11 月 18 日，协会成功举办"以大中型监理企业为主导，勘察设计企业为支持的全过程工程咨询"为主题的全过程工程咨询武汉论坛，广受业内好评，为本土企业开拓全过程工程咨询业务打下了理论基础。2018 年年初，协会受邀参与湖北省住建厅启动的全过程工程咨询政策修订，提出的"突破全过程工程咨询原有定义、探索计费途径、创新委托方式、积极培育本地企业发展、支持大中型监理企业开展全过程工程咨询、充分发挥行业协会的作用"等十余条促进行业转型升级的建议均被采纳。同年 4 月，中标湖北省公共资源交易中心"湖北省全过程工程咨询招投标示范文本"课题研究。

2018 年，中国建设监理协会委托武汉建设监理与咨询行业协会主导承担《项目监理机构人员配置标准》课题研究。

在事故现场调查取证时，协会还客观公正地出具《关于事故监理单位履行安全管理职责的调查报告》，多渠道为企业维权。

中标武汉市城建委"全市建筑工程质量安全专家巡查工作"，在全市范围内开展包括房建、市政（路桥、地铁等）的质量安全专家巡查工作，出具巡查报告，列出问题清单，此项工作得到了武汉市城建委领导的充分肯定并得到大会表扬。此项巡查工作，也得到了武汉市区建管领导和协会领导的高度重视，除现场亲自督战并作检查工作要求外，还定期组织武汉市区级建管站、质安部门、大型平台单位及各参建方召开检查讲评会，以提升行业行为，为监理发声发力。

多年来，我们还积极组织召开与主管部门、其他行业的对话交流会和调研活动，沟通行业履职尽责、诚信体系、计费规则、行业信息化等工作。

这些政府购买服务的成功承接，为脱钩后的武汉协会拓展了广阔的发展空间，注入了新鲜血液，提供了源源不断的动力。安全文明和市场行业检查，彰显出武汉监理行业人的专业素养和社会担当，扩大了监理行业影响力，为武汉市"云更白、天更蓝、水更清"的生态文明建设添砖加瓦。

## 三、合作交流

第一，是跨业互动。在协会的积极筹备下，创建了全市建筑行业联席会，建设口 11 家协会成为联席会成员，通过座谈、交流、观摩等方式互帮互进，共同商讨本地区建筑业的发展问题；5A 品牌效应和武汉市民政局的积极推荐，吸引了武汉市城建委、质监站、安监站、民政局、总工会等部门以及全市多家行业协会商会领导、大专院校知名教授等社会各界人士的关注，纷赴协会交流指导，共同探讨行业党建、组织建设、行业治理的新模式、新路径，大家在交流互鉴的同时，也建立价值互补、信息互通的组织网络，聚合各行业组织资源，交流各自办会经验及相互支持事宜，在各行业协会互动交流中，会员单位间也合纵连横实现了市场开拓的大联动。

第二，是区域联动。全国多地兄弟协会同仁到武汉建设监理与咨询行业协会交流，共同探讨协会工作建设、行业自治的具体举措和做法；为顺应行业发展新要求，探索城市同业协会运管新模式，提升行业协会自我服务能力，经深圳、武汉、天津、杭州、广州、成都、西安、沈阳、哈尔滨等 9 个城市的建设监理行业协会协商一致，制定并签署

了《城市建设监理协会交流协作纲要》和《信用信息共享系统管理办法》，共同探索新常态下行业协会各项工作的新作为，协同破解行业顽疾，携手打造行业新价值；协会间的交流还为协会和企业间的友好合作搭建了桥梁。2017 年 9 月 14 日，苏汉两地协会签订《友好协会合作协议》，开创了跨地区互助、合作、共赢的发展新局面。

近年来，在第五届协会理事会班子的坚强领导下，在全体会员的鼎力支持下，协会屡获殊荣：扬尘治理拉网检查中获武汉市城建委公开表扬；继"5A 级社会组织"荣誉称号后，2017 年，被武汉建筑行业工会联合会授予"职工信赖'娘家人'"称号；武汉市城乡建设委员会对协会 2017 年开展的监理专项检查进行了表扬；2018 年，协会秘书处喜获武汉市总工会授予的"2017 年武汉市女职工建功立业示范岗"荣誉称号。《中国建设报》《长江日报》、武汉电视台、湖北电视台等主流媒体多次对协会开展的创新治理模式予以报道。

下一步，协会将不断加强自身建设，抢抓行业改革发展新机遇，在凝聚会员、构建标准、维护权益、促进转型、加强自律、增强履职等多方面继续努力，着力将协会打造成为广大会员的快乐之家、温馨之家、利益之家，为武汉市工程建设监理与咨询事业健康可持续发展作出应有的贡献。

唯创新者进，唯创新者强，唯创新者胜。2018 年，是改革开放 40 周年，也是建设监理制度推行 30 周年的重要时间节点，让我们再携手，在前瞻设计中把握走向，在运筹帷幄中彰显担当。坚定实施创新驱动发展战略，共同助力行业发展，创造监理与咨询人更加美好的明天！

# 全过程工程咨询组织模式研究

皮德江

北京国金管理咨询有限公司

2017 年 2 月 21 日，国务院办公厅发布《关于促进建筑业持续健康发展的意见》（国办发〔2017〕19 号）。为了贯彻落实《意见》，住建部于 2017 年 5 月 2 日颁发《关于开展全过程工程咨询试点工作的通知》（建市〔2017〕101 号）。国务院和住建部文件的发布正式拉开了全国范围内，尤其是全过程咨询试点地区和单位推行全过程工程咨询服务的大幕。

从 2017 年 2 月国务院办公厅发文至今已过去一年多时间。各地方政府建设行政主管部门为了进一步贯彻落实国务院和住建部文件精神，并结合本地具体实际情况，先后出台了各地推进全过程咨询工作的指导意见、试点工作方案和实施工作方案等。若干全过程工程咨询试点项目也已陆续在各地落地实施。

国家发改委于 2017 年 11 月 6 日发布《工程咨询行业管理办法》（中华人民共和国国家发展和改革委员会令第 9 号），自 2017 年 12 月 6 日起施行。其中第二章第八条（四）："全过程工程咨询：采用多种服务方式组合，为项目决策、实施和运营持续提供局部或整体解决方案以及管理服务……"从工程咨询行业政府管理者的角度进一步肯定和推进全过程工程咨询，提倡和鼓励采用多种服务方式组合，为项目提供全过程或阶段性工程咨询服务。住建部建筑市场监管司和各地方政府建设行政主管部门、监理、造价、咨询、招标行业协会等以各种形式召开关于推进全过程工程咨询落地的研讨会、咨询论坛和宣贯会议，召

集项目管理、设计、勘察、监理、造价和招标等行业的精英、专家、学者集思广益，畅所欲言，从不同角度和立场论证，使全过程咨询从理论务虚阶段进入实质性推广阶段。

笔者曾多次参加住建部、北京市住建委、中国建设监理协会和中国工程咨询协会等政府部门和行业协会组织的会议和论坛。与会者关注和关心的焦点集中在全过程工程咨询的定义和范围、全过程咨询单位对企业资质有哪些要求、全过程咨询服务取费标准、示范标准合同文本等，希望政府尽快出台推进全过程工程咨询服务发展的指导意见，甚至实施细则和取费标准。有的试点企业要求政府放松对试点企业资质要求和限制，如资质不在本企业而在上级集团的，以及由于双 60% 限制的造价咨询公司等情况。不少试点企业提出政府应为试点企业提供试点项目及相关试点政策，让试点企业能够先试先行，进而推动全过程咨询的落地、实施和发展。同时，也有反对的声音：为何将全过程咨询限制在有限的几个地区和企业？凡具备条件的均可以开展。

由于参与者所处行业和专项业务板块不同，站在不同角度，所关注的问题自然不同。如勘察设计单位可能比较关心建筑师负责制，认为全过程咨询的重点应是以设计为龙头并以技术型管理为主导的工程项目管理过程；以造价咨询、招标代理单项为主要业务的企业则可能认为对全过程咨询单位不应要求过高门槛和过多资质及业绩；而为数众多的监理企业则可能强调自身具有勘察

设计、造价咨询、招标代理单位所不具备的工程实施阶段丰富的现场管理、监理经验，只要向前拓展至前期咨询服务，向后延伸至项目竣工结算、决算甚至运维（运营）阶段，即可成为全过程咨询服务单位。

笔者认为，有两个概念应区分清楚。第一个是，哪些单位和企业可以参与全过程咨询服务？第二个是，哪些单位和企业能成为全过程咨询服务总包和牵头单位？实际上，随着国家"放管服"简政放权、淡化企业资质的相关政策推广和落地，应该说，任何有相关资质或业绩以及专业能力的单位均可以参与全过程咨询服务。随着政策、资质限制等越来越宽松，行业壁垒逐渐消除，不仅项目管理、勘察设计、造价咨询、招标代理和工程监理企业可以参与，甚至房地产开发公司、施工总承包和分包单位等也均可参与，只不过凡参与了全过程咨询服务中全部或部分业务的单位，一律不能再承担本项目的施工总分包和供货等业务。如项目实行工程总承包模式，则设计和施工承包单位要么选择参与本项目全过程咨询服务，要么选择参与本项目工程总承包，二者在同一项目中是互斥关系，只能择其一。至于设计单位承

担了本项目全过程咨询总包工作后，还能否承接本项目的设计（尤其是施工图编制）工作，目前有争议。有些看法认为其可以做方案设计和初步设计而不能再承接施工图设计。由于此种情况在以往的工程实际案例中并不多见，有待进一步论证和研究。

要对全过程工程咨询进行深入研究，首先有必要研究建设项目的组织模式。由于建设单位的需求和关注重点以及投融资模式的不同，可能派生出多种组织模式。本文将以框架图的形式展现各种组织模式的结构（图1~图5）。

综上所述，全过程工程咨询的组织模式，主要取决于建设项目的投融资模式（如政府投资、PPP、国有投资、社会资本投资等）和项目的承包模式，如采用传统的施工总承包还是工程总承包（EPC、DB、DBB等），以及项目本身的性质（如重要性、专业性、特殊性和业主方的关注焦点）等诸多因素。由于目前全过程工程咨询尚处于推广和试点阶段，对其认识和理解因所处行业、专业和身份角色不同，很难统一，也没必要强行统一。笔者提出以下几点看法，抛砖引玉，希望大家展开讨论，达到一定程度的共识。

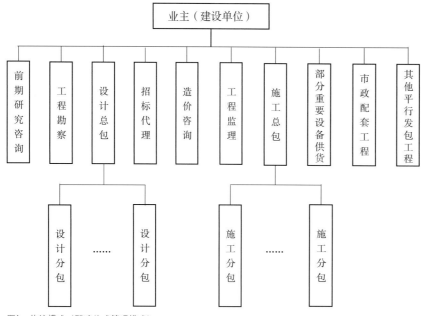

图1　传统模式（即碎片式管理模式）

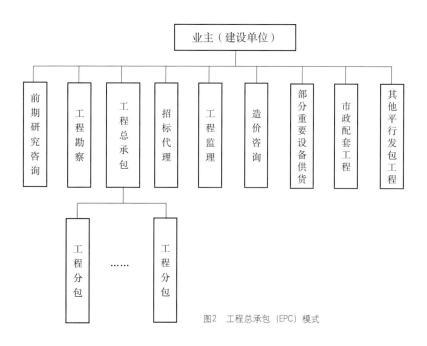

图2 工程总承包（EPC）模式

## 一、全过程工程咨询属业主方项目管理范畴

工程项目管理实际至少应区分业主项目管理、勘察设计方项目管理、施工总承包方项目管理、施工专业分包方和材料设备供货方项目管理等，不能笼统概括，不加区分地称之为项目管理，这其中有些属于咨询服务性质，而其他则属于施工安装承包、供货等性质。比如工程设计本属于工程咨询行业，其接受业主委托为业主提供项目前期、工程设计服务，则属于咨询服务无疑，但如果其与施工总承包单位组成联合体（或其自身就具备相应设计、施工总承包资质）承接工程总承包业务，此时，该设计单位参与项目的身份已不属工程咨询服务行业，而是带有工程承包性质了。笔者曾参加某业主方召集的拟采用EPC模式的某新机场建设项目专家论证会，论证题目是，项目是否有必要聘请全过程工程咨询或代建单位。一位设计专家发言，认为该项目已采用工程总承包，中标的设计单位一定会代表甲方管理好项目，甲方没必要再聘请咨询公司或代建管理公司。实际上，该专家没搞清楚，甲方拟聘请的管理咨询单位最主要的工作内容之一恰恰就是管理工程总承包单位。

## 二、全过程工程咨询的内容、服务范围和门槛

全过程工程咨询是对工程建设项目前期研究和决策，以及在工程项目实施和运维（运营）的全生命周期提供以全过程项目管理业务为核心，包含规划和设计在内的涉及组织、管理、经济和技术等各方面的工程咨询服务。全过程工程咨询可采用多种咨询方式组合，为项目决策、实施和运营持续提供局部或整体解决方案。除全过程项目管理外，专项咨询业务包括但不限于：投资决策研究、工程勘察设计、工程监理、招标代理、造价咨询、BIM咨询等。

其中有两个问题值得特别关注，一是所谓全过程原本指项目包含运维（运营）期的全生命周期，但目前国内绝大多数工程项目全过程管理均不包含运维期，只有少数工业项目和PPP项目或可做到；二是全过程工程咨询既可以涵盖项目研究决策、实施和运维期的全生命周期，也可以是只包涵某个或某几个阶段的几种专项咨询方式组合的咨询服务方式；既可以由一家各项咨询专业资质较齐全，咨询业绩良好且又具备较强组织管理、综合协调控制能力的工程咨询公司承担全过程咨询服务总

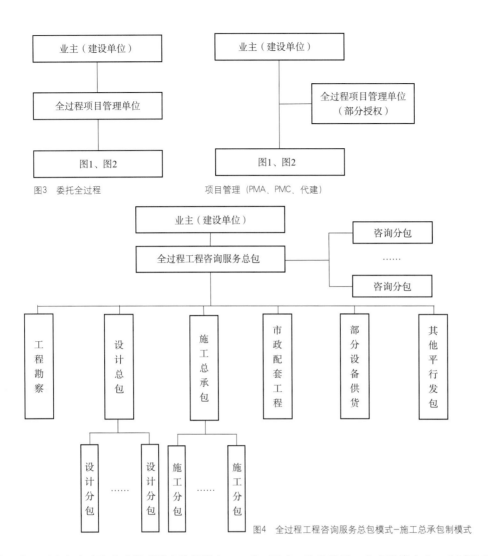

图3 委托全过程 项目管理（PMA、PMC、代建）

图4 全过程工程咨询服务总包模式-施工总承包制模式

包工作，也可以由多家咨询企业组成联合体承接全过程工程咨询业务。

## 三、全过程工程咨询服务总包和牵头单位

国务院国办〔2017〕19号文在国内首次提出全过程工程咨询的概念，旨在打破和解决国内传统的工程项目管理零散化、碎片化问题和局面。如何打破和解决呢？19号文提出通过并购重组、联合（合作）经营等方式，其主旨是要培育全过程工程咨询服务总包单位。由于传统体制的束缚和碎片化管理、条块分割、部门壁垒以及多头管理等弊端，造成我国大多数咨询企业资质单一，专业种类和咨询业务范围狭窄，综合型、复合型咨询管理人员匮

乏，而真正咨询资质、业务种类齐全，全过程项目管理经验、业绩丰富，综合组织协调能力强的单位少之又少，可谓凤毛麟角。所以，国家才要大力提倡和鼓励具备较强实力的咨询企业做大做强，与国际接轨，走出国门，参与国际竞争和"一带一路"建设，创建若干个中国咨询行业的航母编队。

鉴于上述原因，国家倡导全过程工程咨询，并不是要大多数咨询企业均向全过程咨询总包单位方向发展，只有少数大型综合实力较强或通过并购重组、联合经营等方式成为工程咨询行业的旗舰企业，才有可能成为全过程工程咨询项目的服务总单位。以推行了二十多年的施工总承包制的成功经验为例，或许更具借鉴意义。当初国家并不希望和要求所有施工企业都成为工程施工总承包单位和特级企业，而是各企业根据自身实际情况，发展成为施工总包

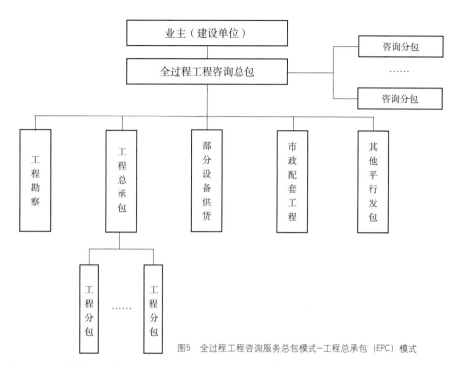

图5 全过程工程咨询服务总包模式-工程总承包（EPC）模式

或专业分包等各级、各类施工安装企业。后来施工行业的发展和实际分布也证明这一设想和设计的正确性。至于哪类咨询企业应成为咨询总包，现在各种论坛和研讨会很多，有说应推行建筑师负责制（民用建筑项目）；有说设计行业应成为工程咨询行业的主导；还有说工程造价控制很重要，造价咨询企业应成为主导企业；而众多的工程监理企业则认为监理的施工现场管理经验最为丰富，只要将业务范围向项目前期和后期拓展延伸，则其应成为全过程工程咨询的主力军。此外，还有全过程咨询是以技术型咨询还是管理型咨询为主之争，设计单位当然成为前者的拥趸者。而以监理企业为代表的众多现场管理者则认为设计单位现场管理经验欠缺，全过程咨询应以管理型咨询为主导。总之，众说纷纭，莫衷一是。

其实，笔者前文已述，就目前状况而言，除极少数综合型工程咨询（项目管理）企业外，国内无论是设计还是造价、监理企业，大多处于业务链不齐的经营状态，要么大而不强，要么连规模和资质条件也不够，大都谈不上，更何谓强；或者是某项业务突出，但其他业务生疏且综合控制、管理协调能力一般；还有的现场管理能力（往往也只局限于质量和安全方面，比如大部分单纯监理业务企业）较强，但只局限于实施阶段，而对项目前期和项目收尾、结算、决算、运维（运营）阶段则比较陌生。

因此，笔者认为，现在就断言或预言哪类企业将成为全过程工程咨询的主导为时尚早。除上述原因外，还有以下三方面原因：一是国家倡导全过程工程咨询后，若干企业通过并购重组、合作经营，经营模式和业务范围将发生较大变化，成为综合型咨询企业，不太容易将其归入某种行业或业务类型。二是项目实际情况，所属行业以及选择工程承包模式。如项目实行工程总承包管理模式，设计单位成为工程总承包单位，则本项目全过程咨询总包任务不可能再由该设计单位承担。三是项目业主或建设单位不同，其对项目的关注点不同，对项目全过程咨询服务和咨询总包单位的要求自然也会有所不同。如业主为政府，其对投资控制（是否超概）、工期进度控制和安全生产等很敏感，要求十分严格甚至到严苛的程度；而建设开发企业则对工期和进度要求很严等。

综上所述，全过程工程咨询组织模式研究对于促进全过程工程咨询从理论务虚研讨向推进试点项目实质性落地，具有十分重要的现实指导意义。多探讨、探索和创新，比起无休止的争论、空泛的理念炒作、一叶障目式的以自我为中心，以及"旧瓶装新酒"式、简单累加式的理解全过程工程咨询，应更有积极和现实意义。

# 浅析企业文化和人才机制对人才建设的作用

郭长青

吉林梦溪工程管理有限公司

**摘　要**：监理企业在跨越式发展过程中，大多面临队伍规模不断壮大，管理难度不断加大的问题。人才队伍建设如何满足并适应企业快速发展的需求，是新形势下所面临的一个新课题。本文结合吉林梦溪工程管理有限公司（以下简称吉林梦溪公司）在人才建设中所采取的措施和取得的成效，探讨企业文化和人才机制在人才队伍建设中所发挥的积极作用。

**关键词**：人才建设　企业文化　人才机制

## 引言

"十一五"以来，吉林梦溪公司积极推进企业转型发展，大力开展人才建设，逐步形成了与公司资质、业务范围和发展规模相适应的人才队伍。目前，公司具有全国工程监理综合资质、设备监理甲级资质，是吉林省唯一具有全国工程监理综合资质的监理企业；公司年收入过亿、利润突破千万、员工队伍总量超过千人，逐步发展成为以工程项目管理、工程监理、设备监造等为主营业务的大型工程项目管理公司。

公司在中石油、中海油、中国化工集团、中粮集团、神华集团、大唐集团、华电集团、兵器工业集团、中煤集团、晋煤集团、金川冶金集团等企业拥有广泛的市场，业务涉及石油化工、煤化工、冶金工业、新能源、水利电力、交通运输、建筑、市政和农业、林业等领域。专业齐全，员工资质、职称、年龄结构合理，是公司能够实现快速发展、竞争市场份额的有力保障。

## 一、监理企业快速发展中面临的人才管理问题

监理企业引进的大量人才在帮助公司快速发展的同时，也为公司如何管理好、使用好、选拔好人才带来了新的课题和难题。

一是劳务用工总量和用工比例偏大，而且逐步成为公司项目执行的核心骨干力量，如何稳定好这支队伍是一个新的课题。

二是为了满足项目执行的需求，公司通过社会招聘大量引进各专业人才，员工来自全国四面八方，各行各业，综合素质不一。

三是外部人才竞争的压力。受行业的特点影响，监理企业一旦有大型项目或多个新项目启动，人才总量短缺的问题立刻暴露无遗。导致监理企业以更加优厚的薪酬福利待遇进行相互挖人，甚至在同一个监理现场从一个监理企业挖到另一个监理企业。受外部这种人才竞争、薪酬竞争的诱惑，员工普遍存在这山望着那山高的心态。

四是人才随项目流动性频繁，管理跨度、难度都在加大。公司每年项目执行一百余项，分布在全国各地，员工随着新项目的成立或撤销而随时进行重新调配，流动性较大。

五是员工驻外时间较长，思亲情结较重。由于项目执行需要，每年员工驻外时间平均在十个月以上，员工家庭的种种因素、员工本人的思亲情结，都会影响员工在现场的实际工作情绪。

这些不稳定因素增大了企业对人力资源的管理难度。如何打造一支和谐稳定、团结向上的队伍，如何打造一支"专业技能过关、作业指导书执行过关、计算机操作过关、廉洁自律过硬"的"三过关、一过硬"队伍，是企业快速发展中亟待解决的问题。

## 二、人才管理的具体措施

一个成功的品牌不仅要取得用户的认可，还要取得员工的认可，使员工能够长久地凝聚在品牌周围，最终形成员工对企业自身品牌的归属感、认同感和自豪感。而要做到这一点，最关键是要建立健全良好的运行机制，营造一种员工普遍认同的文化氛围。使企业宗旨、企业核心价值观融入员工的一言一行。

（一）靠企业文化凝聚人心

企业文化是由一个组织的核心价值观、信念、仪式、符号等组成的，特有的文化形象，是为全体员工所认同并遵守的，带有公司特色的使命、愿景、宗旨等，是企业的灵魂，是推动企业发展的不竭动力。

为了适应监理行业的执业要求，吉林梦溪公司把企业文化提升到保证企业永续发展的"战略高度"，努力实施"文化育魂"战略，坚持用创新的思维和发展的观念对企业文化进行提炼，形成全体员工的共同信仰和追求。近几年，先后总结提炼出"追求卓越，永续发展"的企业宗旨、"始于用户关注，终于用户满意"的服务理念、"管理一项工程，取信一家用户，交下一批朋友，占领一方市场"的

经营理念、"企业声誉事大如天，员工责任重于泰山"的员工价值观等富有特色的理念体系。同时，公司大力加强文化理念的宣贯工作，指导各分公司和项目部结合自身特点推进项目文化，树立了良好的服务形象、管理形象、行为形象、视觉形象和环境形象，真正将企业文化融入员工的日常工作、生活，融入员工的一言一行之中。

公司将这些独具特色的企业文化，落实到每一个实际行动中，并结合企业发展的需要，先后开展了"基础工作管理年""项目执行年""人力资源管理年""精细化管理年""三基工作管理年""品牌建设管理年""管理提升年"等特色活动，不断推进公司核心价值体系建设，丰富企业文化内涵，使其成为引领企业科学发展的精神动力。

（二）靠科学的选拔机制挖掘人才

企业要发展，人才是关键，科学、完善选拔、使用人才机制关系到企业的兴衰成败。因此，如何从近千名员工中挖掘人才显得十分重要。

公司高度重视并关注员工的职业发展，尤其是公司近几年招聘的大学毕业生，与薪酬待遇等物质需求相比，他们更关注企业的成长潜质、个人的职业生涯是否顺畅、公司是否能够提供足够的上升空间等。公司建立了较为科学、完善的人才选拔、使用、考核、退出等机制，只要是具备相应条件，都可以通过选拔机制让优秀人才脱颖而出。公司每年坚持中层管理岗位公开竞聘制度、述职考核及民主测评制度等，形成公开、平等、竞争、择优的用人环境，并为公司选拔、储备后备人才。对于普通工程师岗位，公司组织开展了星级工程师考试、答辩、考核等工作，评选出近百名星级工程师，并专门定制了标有"星级"的工作服，在鼓励员工的同时，宣传、树立了吉林梦溪工程师的风采。公司逐步完善后备人员考核、推荐机制，选拔优秀青年员工进行培养、锻炼，加快青年人才的培养步伐，为企业可持续发展提供充足的后备人才储备。

（三）靠全面的考核制度提升素质

员工绩效考核是一个不断制定计划、执行、

检查、处理的PDCA循环过程，是了解、评价员工的综合素质和现实表现的最有效手段。

公司十分重视员工的绩效考核工作，提出了专业工程师必须要"专业技能过关、作业指导书执行过关、计算机操作过关、廉洁自律过硬"的"三过关、一过硬"要求。公司每年开展专项活动，有针对性地制定考核方案，每半年进行一次考核，把员工的现实工作表现、工作业绩作为考核重点，同时对其德、能、勤、绩进行全面考察。通过考核，帮助员工发现问题、改进问题、找到差距，并帮助员工一起进行改进、提升；以及建立员工绩效考核档案，将员工日常考核评价、作业指导文件执行督导评价、执行公司规章制度情况、是否服从分配等，纳入员工考核档案，并与员工个人职业升迁、薪酬、奖惩、淘汰置换等进行挂钩，促进员工快速成长。

（四）靠专业的培训体系实现双赢

培训是提升员工专业技能和综合素质的有效方法，对企业而言是一种无形投资，对员工而言是一种无形福利。通过培训可以实现企业和员工的双赢。

公司一直都坚持开展员工专业技能培训工作，形成了公司总部和项目部的两级培训体系。公司总部由公司的技术专家负责授课，各基层单位通过视频网络参加，由各基层单位领导负责进行培训后的考试、考核，保证培训的实效性。各项目的培训由专业组组织进行，具体内容由专业组长负责，也可以请公司技术专家、项目总监、总代等进行授课。公司持续强化员工取证培训管理，积极组织员工参加国家级资质考前培训辅导，并对考试通过人员予以相应的奖励政策，鼓励员工取证，提升公司队伍竞争力。

（五）靠多面的沟通平台构建和谐

沟通的效果决定了企业管理的效率。有效的企业文化沟通，有利于员工了解、掌握公司发展战略、发展目标和所面临的形势任务，统一全员的思想和行为，增强员工的归属感和荣誉感、责任心。

公司特别注重对员工思想的疏导，建立了多方面、多渠道的内部沟通平台，如深入开展党的群众路线教育活动、坚持各级领导深入现场调研活动、每周调度会、QQ交流群、意见箱、网页论坛、梦溪报、后勤服务组等，员工可以很方便地了解公司各项政策、制度，可以多渠道为公司发展献计献策。如在党的群众路线教育活动中，公司各级领导、各部门积极深入一线与员工进行座谈，详细了解、倾听员工的诉求，了解员工的思想动态，征集员工的意见和建议，并邀请员工家属代表到公司进行座谈。对员工提出的意见和建议，公司组织专题会进行讨论，逐条落实，及时与相关单位、个人进行反馈，确保活动成效。同时公司坚持将领导深入现场调研工作常态化、日常化，对员工提出的意见和建议及时落实、回复。公司专门成立后勤服务组，坚持走访、慰问、送温暖活动，对困难员工家庭、春节期间不能回家的员工家庭等，做到必访必到，了解员工家庭情况、存在的问题等，及时提供相关帮助，有效解决了员工的后顾之忧。

## 三、结语

要加强并做好监理企业人才建设，企业文化是前提，健全机制是保障。只有具备优秀的企业文化、科学健全的管理机制，才能引领一支朝气蓬勃的队伍积极投入企业发展之中。企业文化也要随着时代的发展，不断创新、不断前进，人才机制也要不断改革、不断完善，只有这样，企业发展才能有不竭的动力，才能吸引并留住优秀人才，监理企业才会有更加美好的未来。

# 不忘初心，砥砺前行

## ——记北京四方工程建设监理有限责任公司

### 李国庆

李国庆，本科学历，高级工程师，具有全国注册监理工程师证书，是北京四方工程建设监理有限责任公司一名资深的总监理工程师。他无私奉献，任劳任怨，始终以"业主满意、百姓放心、技术领先、服务一流"的公司管理方针为准则，用心做好每一个工程项目。

### 勇于担当，效率至上

2016年9月，李国庆被任命为北京地铁7号线东延工程环球影城站总监理工程师。环球影城站位于北京市通州区环球影城主题公园度假区内，是北京地铁7号线东延与八通线南延的换乘站及终点站，也是环球影城主题公园立体交通枢纽的市政基础交通设施，该站建成后，可以有效提高环球主题公园交通保障能力，还能加强金融街、国贸（CBD）等重点功能区与北京城市副中心的快速轨道交通接驳，是北京市重点工程建设项目。

他深知该工程的重要性，在接到任命后的第二天就到工程项目所在地进行了实地考察，并积极与公司领导沟通，在公司领导的大力支持下，迅速组建了一支专业的技术监理队伍，创建了项目监理部。项目部组建后，他带领专业监理工程师结合实际工程建设特点，依据建设工程相关法律、法规及项目审批文件、设计文件、规范标准等编制了具有针对性、可操作性强的《监理规划》和《监理实施细则》等作业指导文件，并对全体监理人员进行培训交底，为开展监理工作奠定了扎实的基础。

### 严格监理，一丝不苟

工程建设前期，施工现场主要工作是施工项目部临建搭设、进场临时路建设等，李国庆组织监理部人员每天下工地进行检查，要求工程使用的进

场材料严格按相关规定进行取样送检，坚决杜绝不合格材料用于工程中，施工过程中严格按照审查批准后的方案进行施工。施工人员对他说："这临建项目，又不是啥重要的工程，没必要那么认真吧。"他回答："工程建设无大小，监理责任重于泰山。"短短的两句话，体现了他严谨的工作风和一丝不苟的工作精神。时至今日，全体监理人员在他的影响下，工作认真负责，从未懈怠。

2017年是落实国家《大气污染防治行动计划》的收官之年，北京市大气污染综合治理领导小组印发了《〈京津冀及周边地区2017-2018年秋冬季大气污染综合治理攻坚行动方案〉北京市细化落实方案》的通知，要求全市打好"蓝天保卫战"，切实改善秋冬季空气质量。李总监收到文件后，立即组织全体监理人员对文件要求进行了宣贯，同时要求专业监理工程师一岗双责，加强现场巡查力度，督促施工单位严格做好施工现场扬尘治理措施（动火证、路面清扫、洒水降尘、裸露土覆盖等）。

北京地铁7号线东延工程是北京市重点工

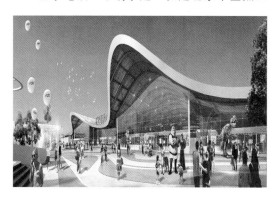

程建设项目，工期紧、任务重，加上地处国家首都——北京，这个政治、经济、文化及国际交往中心，各种重要会议和重大国际交往活动较多，一定程度上对工程施工进展造成影响，李国庆同志深知工程节点计划的"大门"已经关闭，这就意味着，必须在规定的时间内，完成工程项目建设任务。他认真审查施工单位报送的节点计划目标及完成目标的节点措施，认真审查施工进度计划（年、季、月），并提出自己的建议及要求，同时督促施工单位施工过程中要"占满时间、占满空间"，抓住一切有利的施工条件，加快施工进度，每次监理例会中，他都详细听取施工单位周计划完成情况，对于未按期完成的计划目标，认真分析原因，督促施工单位采取有效弥补措施，在保安全、保质量的前提下，将滞后进度赶上来。

工程质量控制是履行监理合同的核心内容，也是我们项目监理部的主要工作目标。为此，各专业监理工程师在他的带领下从影响工程质量的施工人员、原材料、机械设备、施工方法、措施等五个因素入手，运用主动控制与被动控制相结合的方法，对施工质量采取事前、事中与事后控制，确保工程质量达到设计文件及相关验收标准的要求。

李国庆始终要求，专业监理工程师务必做好事前、事中控制，及时发现施工过程中质量隐患，及时督促施工单位落实整改，避免造成事后返工处理，同时他要求各专业监理工程师要保证24小时开机，做到"随时报验、随时验收"，全力保障工程顺利开展。

安全生产责任重于天，李国庆像抓质量一样去抓安全。他说："安全生产不能可管可不管，要必须管，管到位。"所以，对施工组织设计及施工方案中安全技术措施不符合要求的，或发现施工现场存在安全事故隐患的，都要求施工单位必须限期整改，彻底将隐患消除。

## 不忘初心，坚守岗位

家对于李国庆来讲就是工程项目，工程项目在哪，家就在哪；他吃住在项目，工作在项目，活动在项目，每年的国家法定节假日，是常人眼中的"黄金日"，而对于他，那就是"平常日"。自开工以来，他回家的次数不超过五次，全部时间都投入工程项目建设中，功夫不负有心人，在李国庆同志的带领下，项目监理部的监理工作，有条不紊地开展，在北京市轨道建设管理有限公司，在建项目监理单位履约评价考评中名列前茅，8个季度的履约考评成绩，6个第一，两个第二，同时工程关键节点和部位也屡获捷报：环球影城站2017年3月28日围护桩全部施工完毕；2017年10月20日土方开挖全部完成；2018年5月22日主体结构完成封顶；2018年8月22日环球影城站主体结构混凝土子分部工程验收通过。截至目前，环球影城站施工现场安全质量可控，未出现过任何安全质量事故，状态平稳，他的付出和努力受到了上级主管部门、建设单位、施工单位的一致好评，2018年7月更是被北京市通州区总工会、北京市通州文化旅游区管理委员会授予"建设标兵"荣誉称号。

## 长风破浪会有时，直挂云帆济沧海

北京地铁7号线东延工程环球影城站仍在如火如荼地建设中，相信在公司领导的大力支持下，李国庆同志带领的项目监理部全体监理人员，会继续以专业的技术、饱满的热情、端正的态度扬帆起航，为建设单位交出优质工程，为北京市人民交上一份满意的答卷。

# 江苏建科开展建设监理试点的回顾

刘昌茂

江苏建科工程咨询有限公司

在工程建设领域，建设监理行业经过30年的发展已经初显产业化、规范化和竞争的常态化。回想1988年，南京市工程建设试点伊始，即使是最初拟定的某工程也不肯作为监理试点工程，除非我们是去义务劳动。历时数月，南京市建设委员会用行政命令"拉郎配"，才将上元门自来水厂扩建工程定为建设监理试点。

笔者到南京市自来水公司联系签订监理合同事宜，接待的人毫不客气："自来水厂的建筑安装工程技术复杂，涉及多种专业，建筑科学研究院来监理，行吗？"我笑着回答："1977年，全国省级建筑科学研究院（所），只有江苏院有一台441B电子计算机，价值80万元，当年是价值连城，而且是国家建委列项批准的，你看我们行不行？"想当年开展工程建设监理确实不容易，也很有趣，值得回顾。

## 建设监理试点工程概况

1988年，南京市是全国开展工程建设监理8个试点城市之一。承蒙南京市建委信任与授权，江苏省建筑科学研究院承担了在南京市开展建设监理试点的任务。我受院长指派，从各研究所抽调11名科技人员，以"老中肯""高中初"两个三结合，组成建设监理试点组，于1989年9月1日进入上元门水厂扩建工地，开展建设监理工作。

该扩建工程规模为10万 m³/日，总投资5100万元，其中利用法国政府混合贷款500万美元，引进法国某公司水处理工艺及成套水处理设备，并由该公司负责工艺设计及派人来华指导安装

与调试仪器设备。南京市政府成立自来水扩建工程指挥部全面指挥，南京市自来水公司是建设单位，总承包单位组织施工，市内外几家公司承建。

## 一、认真学习，统一思想，明确工作原则

对建设方的质疑，换位思考也不无道理：国内没有建设监理先例，不了解你建科院的资质，投资几千万元，国家外汇紧张，还借了外债，万一搞砸了，怎么向党和人民交代？质疑实际就是鞭策。我们务必全盘规划，竭尽全力协助各方保质、保量、保安全，按期完成水厂扩建工程。

我们认真学习建设监理文件和有关技术规范、技术规程，坚持监理工作的科学性与公正性。不照搬国外的监理经验，一切从实际出发，实事求是，探索符合我国国情的监理模式。

遵循南京市监理主管部门的领导，使监理工作不偏离正确的方向，集中精力抓工程质量。钢筋混凝土结构的质量事故具有隐蔽性和滞后性，必须预防为主，防患未然，确保施工安全。监理督促施工方落实安全防护措施，避免人身事故。妥善处理与建设方的关系，信守《监理合同》，竭力为建设方分忧。

正确对待与施工方的关系。督促履行《工程承包合同》时，坚持监理的科学性与公正性，也应寓监理于服务。

加强组织建设。明确分工，各负其责，但又互通信息，相互配合与支持。

## 二、扩建工程指挥部现场办公

扩建工程指挥部由副市长负责，市政公用局和市建工局局长任副指挥，每周二、五在工地召开协调会，各参建单位负责人参加。各方先汇报工程进度、工程质量、存在问题及需协调的问题，然后集体研究怎样解决。通过协调，意见一致后，指挥部领导指示，明确各方职责布置。

## 三、预防为主，防患未然

"兵马未动，粮草先行"。监理试点组进场，首先了解建筑材料供应情况。

水泥由某水泥厂供应，外加剂拟选用木质素磺酸钙，还要进行混凝土配合比试配等。尚未行动，监理材料工程师便主动牵头邀请建设单位和施工单位有关人员到该水泥厂调研。了解到该厂生产水泥所用调凝剂掺用无水石膏。用这种水泥，再添加木制素磺酸钙，其初凝时间会很短，不宜用于浇灌水工结构，建议先做试验。试验结果，初凝时间为 49 分钟，接近快凝的 45 分钟。随后选用多种外加剂，经过试配、试验，最后择优确定。

清水池底板开始浇灌后，安装单位才把水池的出水总管运到现场。经检查，其直径仅1000mm，小于设计图纸的1200mm。工程指挥部责令，立即重新卷板加工。这需要耽误十几个小时。水池底板的混凝土不连续浇灌，必然形成施工缝，导致水池渗漏。所幸混凝土配合比选用得当，混凝土初凝时间大于 2 小时；加之施工单位采取薄层、窄条摊铺，缓慢推进，使上下、左右、前后的混凝土在初凝前搭接并振捣成整体，使水池底板混凝土得以连续浇灌，避免一场重大质量事故。事后各方普遍赞扬："监理组的材料工程师发挥了作用。"我们认为，施工单位的应急措施同样发挥了作用。

清水池建成后，按验收规范进行 24 小时蓄水试验。试验数据表明，两个清水池都不渗漏，符合验收标准。

工程指挥部某领导很满意，对我说："我当自来水厂厂长时，经手建造过好几个水池，没有哪个水池是不渗漏的。"

## 四、对工程有利，分内分外的事都做

建设监理是新鲜事物。我们进入施工现场，发现参与建设的有关单位，都拭目以待：监理试点组究竟怎样操作。为争取各方的信任与支持，分内分外的事我们都做。功夫不负有心人，很快就见成效。

1. 重视施工安全

安全施工非常重要，我们时刻牢记在心。

清水池基坑深达 5m 多，紧靠清水池有围墙及 10kV 高压电线杆。为防止围墙倒塌伤人及砸坏清水池。我们建议先拆除围墙，移走高压电线杆。建议得到采纳，保证了施工安全。

2. 受设计院委托，代为验槽

地基验槽是设计院的职责。清水池土方开挖后，设计师要去法国考察联合设计，行期在即，不可能为清水池验槽，设计院也无他人代劳，设计师遂请监理代为验槽。为了不耽误工期，也为了避免基坑长期受水浸泡影响工程质量，我们不怕承担责任，慨然允诺，代为验槽。当然，在技术上我们有把握才敢这么做。

3. 做别人不肯做的事

污泥池基坑深达 7m 多，为避免损坏紧紧相邻的道路及建筑，必须打桩支护。设计院不肯承担支护结构设计工作，承建方则强调只按图施工。还是我们解围，接受了这项任务，并且既快又省地解决了问题。

## 五、妥善处理与建设单位的关系

建设单位与监理单位是委托与被委托、授权与被授权的关系，需要用《监理合同》确定这种关系。平等相处不等于一团和气，遇到矛盾，应依法依规，耐心向对方解释，最后用实践证明，确实在履行《监理合同》。下述用实例证明。

### 1. 严把钢材质量关

钢材从韩国进口，建设方出具商品检验局的检验单，要求免检。我们坚持按照国家《对进口钢材要加强检验》的规定进行抽检。检验表明：Φ22钢筋的抗拉强度不合格。经与设计院驻现场代表研究，降低钢筋强度指标后，准许用于构筑物，但不得用于清水池顶盖以强度为主的槽形板中。另外Φ18钢筋锈蚀严重，我们支持承建方意见，不予接收。此番处理得到建设单位的理解与支持。

### 2. 坚持大型阀门先试验后安装

1990年夏季用水高峰期，急于供水3万 m³/日。领导决定，连接清水池1200mm直径出水总管的阀门不做水压试验就直接安装。各方趋向于按领导的指示办事。我们顶住压力，反复说明情况，坚持按《设备安装验收规范》办事。阀门经试验，水压才加到0.6MPa，远未达到产品额定压力，阀门的焊缝便爆裂。监理处理得当，避免了事故，得以提前部分供水。

## 六、正确对待与承建单位的关系

国家建设监理法规赋予监理单位具有监督建设法规、技术法规实施的责任；监督承建单位执行《工程承包合同》，则是监理单位根据建设单位的授权。试点工程伊始，承建单位对此中关系理解不够，突然对监理单位来了个"下马威"。

1989年12月，污泥池底板的钢筋工程要隐蔽，监理人员先后三次检查，均未达到验收标准。傍晚下班，验收人通知施工方："整改到位后需要验收，请电话通知我。"次日来到工地，污水池的底板混凝土早已浇灌好，与底板相连的柱子还浇歪了。自己不遵守约定还倒打一耙，书面指责"监理人员不负责任，拒绝验收，影响工程进度"，文件还抄报市建委。

南京市建委有关领导来现场调查，随后召开协调会，批评施工方："百年大计，质量第一。"隐蔽工程必须监理人员检查、验收、签证后，才能进入下一道工序。即使监理人员拒绝到现场检查验收，也只能等待，否则就是错误。

事后，我们也总结经验教训：坚持真理，也强调寓监理于服务。

俗话说，不打不相识。经过此番较量，双方的关系反而理顺了。后来，水工结构抗渗，对混凝土骨料的级配和含泥量有要求。雨天运的石子较脏，我们建议施工单位晴天运石子。汽车司机反映：到采石场运石子，要对发货员有所表示，才能运到好石子，但是这额外支出无法报销。监理人员就跟车到采石场提货，证明情况属实，便反映给有关部门，使问题得到纠正。

## 七、同设计院有较好的配合

我们与设计单位没有合同关系，但共同对建设产品负责。设计图纸有不妥之处，我们也负责任地提出意见。

在脉冲澄清池机房安装真空泵时，我们发现机房的底板，即澄清池内脉冲井的顶板，其检修孔未做密封装置。这就是说，真空泵工作时，脉冲井内不具有真空度，形不成脉冲，以致脉冲井内的水同混凝剂无法混合，池水得不到澄清。

设计师闻讯很不安，原因是：检修孔不密封好处理，糟糕的是已建成机房的底板，在结构计算时，少算800kg/m² 荷载。这是给脉冲井形成一定的真空度后，给机房底板增加的荷载，而且是循环荷载。少算的结果，将导致该底板开裂甚至破坏，脉冲井不能正常工作。

我们义不容辞地参与研究该底板的加固，以及底板加固后确保脉冲井不漏气的措施，事故最终妥善解决。

## 八、同法国公司打"交道"

法国公司承担的工作不属于我们监理的范围。法国人工作稍有不到位，同样影响工程质量。为避免国家受损失，对法国公司的工艺设计、进口设备仪表的安装调试，我们也暗中给予关注。

1. 穿越池壁的钢管由刚性接头改为柔性接头

法国人把 V 形滤池 1200mm 直径的出水管设计成直接埋进池壁，即所谓刚性接头。这种做法不合理，因为该出水管在池壁内外若有沉降差，今后出水管在该处开裂，维修势必要凿池壁，导致较长时间停产。我们建议在池壁上预埋钢套管，变刚性接头为柔性接头。建设方与法国人交涉后，该建议被采纳。

2. 厂区管线的总平面布置不合理

法国人将厂区管线总平面图布置得很紧凑，即把动力电缆、控制电缆和管道都布置在同一条沟槽内。我们认为不妥：一是维修不方便，特别是与高压电缆同沟，比较危险；二是加氯管道若有泄漏，将腐蚀电缆。法国人猛醒，同意修改，但提出返建建议，强调防治电磁干扰，要把管道、电力电缆与控制电缆分成 8 条沟槽铺设。因受场地限制，无法布置 8 条沟槽。法国人声称，若不按他们的意见执行，今后仪表与计算机出问题，影响生产运行，概不负责。

3. 关于测试自来水水质及化学试剂问题

法国人很傲慢，说中国的化学试剂不标准，不允许用中国的试剂调试自来水的 PH 机。

我们暗中观察法国人的操作，发现法国人把用过的试剂又倒回原试剂瓶内，这是不允许的。这样的操作调试的 PH 机不能认为合格。此外，PH 机调试的全程范围，从 pH 值 4.0~9.0，应调试 5 点，提供 5 个点的调效，法国人只提供 3 点调效，即调试的范围太小。

我们向建设方反映情况，建议法国公司：

1）提供 5 种标准试剂，调试 PH 机 5 点的调效。

2）提供调试标准。若拿不出调试标准，按合同规定应采用中国的调试标准。

法国人只带来了 3 种标准试剂，调试时违反操作规程后，这些试剂也变得不标准了。最后，法国人被迫使用中国的调试标准和中国的标准试剂，重新调试 PH 机。

## 九、工程进展顺利节省了投资

工程进展顺利，未付给法国公司违约金。同法国公司签订的合同规定，法方派人前来安装他们提供的设备仪器，各项安装调试日程在合同上一一排定，若有更改，即为违约，须付罚金。值得欣慰的是，我方"一毛未拔"。

工程总投资 5100 万元，其中包括向法方借贷的 500 万美元。总承包单位按总概算实行投资包干。该单位隶属市政公用局。临近工程竣工，南京市政府发文批准："该扩建工程改为按实结算，总承包单位收取 2% 管理费。"监理组又受委托，审核工程结算。监理组按专业分工，核对竣工图纸，计算工作量，审核汇总，再同总承包单位交换意见。经过审核，共核减建筑安装工程费 450 万元，最后得到建设银行南京分行确认。

## 十、较好地交付"答卷"

在南京市委、市政府的领导下，通过参与建设的各部门、建设者和监理人员共同努力，上元门水厂扩建工程仅用了 16 个月，于 1990 年 12 月 18 日全面建成投产。

监理试点工作初见成效，获得好评。市政公用局局长声称："尝到了请监理的甜头！"主动把投资近 3 亿元的北河口水厂 60 万 m³/ 日法人扩建工程委托我们进行监理。我们打开了工程监理的局面，监理任务接踵而来。

往事历历在目，能够参与监理试点，实属殊荣。30 年来，建设监理由点到面逐步展开，早已成为朝阳事业。当年小小的试点组，已发展壮大成为江苏省建筑科学研究院有限公司的子公司——江苏建科工程咨询有限公司。公司成员近二千余人，业务范围涉及建设工程多个领域，包括新兴的轨道交通、全过程工程咨询等。

改革开放 40 年，我们伟大的祖国已跃居世界第二大经济体。建设监理事业的发展壮大，实即改革开放成果之一。祝祖国繁荣昌盛！祝建设监理事业兴旺发达，日益辉煌！

# 拼搏进取廿五年　创新发展铸辉煌

**陈天衡**

北京赛瑞斯国际工程咨询有限公司

今年是我国工程建设监理制度实施的 30 周年，也是北京赛瑞斯国际工程咨询有限公司（以下简称：赛瑞斯）创建 25 周年。

20 世纪 80 年代，随着我国经济体制改革的不断深入，工程建设规模迅速扩大，为确保建设工程质量，充分发挥投资效益，国家出台了相应政策，于 1988 年推行工程建设监理制度。当年的冶金工业部北京钢铁设计研究总院（以下简称：北钢院）是工程建设领域专业类别最全面、技术力量最雄厚的设计单位（在全国勘察设计行业综合实力评比一百强中名列第一），顺应时代发展，于 1993 年 3 月创建了"工程建设监理部"，造就了赛瑞斯的雏形；时过两年半，于 1995 年 10 月在北京市工商管理局宣武分局注册，成立了监理专业独资子公司；由于北钢院早在 1984 年就获得了国务院批准的国外工程项目设计资格，具有英文名称，英文字头缩写为"CERIS"，故此取其译音，定名为"北京赛瑞斯工程建设监理有限责任公司"。以后，随着我国政治体制改革，取消了冶金工业部，北钢院纳入中国冶金科工集团股份有限公司，于 2003 年整体改制，更名为中冶京诚工程技术有限公司，赛瑞斯也在 2007 年变更为现在的名称，"北京赛瑞斯国际工程咨询有限公司"。

二十五载春秋，在历史岁月的长河中不过是浪花一朵，然而对于赛瑞斯却是一段拼搏进取、创新发展的岁月。二十五年来公司三届领导带领赛瑞斯团队，在建筑市场激烈的竞争中经历了探索创业、变革提升和引领发展几个不同的成长阶段；在实施企业发展战略规划过程中，积极把握国家政策和市场需求与企业的发展相结合，不断探索新形势下企业管理和发展的新模式，及时总结经验，创建了既符合企业发展又积极服务于社会的企业管理体系，在建筑市场中经历了风雨，得到了锻炼，并且壮大发展。

## 一、探索创业拼搏进取

公司初建时期，市场经营举步维艰，但是赛瑞斯前辈们克服重重困难，努力在从未涉足的建筑市场中探索前行，并取得一定成绩，包括承揽某大型金融机构的营业办公楼钢结构工程项目，该项目最终获得了鲁班奖，给公司业绩增添了光彩。

赛瑞斯前辈们都是专业技术出身，深知技术管理和质量管理是监理行业的立身之本，当得知国家对企业实行新的质量管理体系认证时，力主脱离主管单位而独立申办，经上级领导同意后，大家认真学习，对照贯标要求多次进行内审准备，于 1996 年 11 月通过了认证机构审查，取得"ISO 9000 质量管理体系认证证书"。这是国内同行业中第一个通过贯标的监理企业，为赛瑞斯发展奠定了坚实基础。

1997 年，公司经历第一次新老交替，新一任领导接过前辈们手中的接力棒，带领赛瑞斯团队继续拼搏创业。

1998 年，迎来公司发展历程上的重大机遇，赛瑞斯与当时在北京排名前五位的另外两家监理公司同时入围坐落在西长安街的某国家部委 5A 级写字楼项目，在不被看好的情况下，硬是靠着公司领导的不懈努力，最终中标，并且在参建各方的共同努力下，工程获得了鲁班奖。同年，赛瑞斯获得了建设部颁发的"'八五'期间全国工程建设管理先进单位"称号，至此公司知名度大幅度提升，承接项目显著增多，监理业务伸展到东北地区；至2002年，公司组建十周年之际，承揽项目从最初的几个扩展到五十余项；合同额也从最初的百余万增长至几千万。同时，公司的组织架构和各项规章也在逐步建立和完善，针对监理业务的发展，包括员工培训制度、岗位责任制度、总监工作矩阵图、"讲依据、重数据、按程序、办手续"的监理工作原则等各项管理制度的建立，形成了经营、生产、技术全方位的管理模式，赛瑞斯初具规模。

## 二、变革提升创新发展

公司组建的第十个年头，为适应新的市场环境，赛瑞斯制定了新的企业发展方向。原来的业务范围只是单一的工程监理，这已经不能适应公司全面发展的需要，要以监理业务为主，继续扩大市场份额，同时向着与监理业务相关的工程咨询（工程设计）、工程造价咨询（工程招标代理）和工程项目管理（项目代建）等四个业务板块的方向探索、延伸和扩展。经过三年的努力，在2005年公司的四大业务板块实现了既可以独立为客户提供技术服务，又可以整合为建设单位提供项目管理全过程的工程咨询服务；同时，不断加强自身建设，提高管理水平，通过了'环境管理体系认证'和'职业健康安全管理体系认证'，成为国内同行业中首批具有"质、安、环"三标一体的监理企业之一。

监理业务作为赛瑞斯主要业务板块，自2004年起，公司就涉足轨道交通项目，先后承接了北京、天津、沈阳、大连、哈尔滨、武汉、郑州、常州、长沙、福州、深圳等地的地铁项目；2006年起，又走出国门，先后承接了外交部驻外使馆项目和商务部援外项目；2008年，作为首批企业之一，获得了住建部批准的工程监理综合资质，使得公司发展具备了更高一层的平台。

创新发展的脚步仍在继续，2009年，赛瑞斯在项目管理的基础上，作为同行业中的第一家企业，开拓了第三方评估业务，并且与国内多家大型开发企业建立起战略合作关系，从此赛瑞斯形成了五大业务板块的"产业循环系统服务链"体系，使公司发挥了工程项目综合管理的业务优势，更好地为建设单位提供全方位的服务，保证了工程项目取得最大的经济效益和社会效益。

为了适应企业发展，赛瑞斯在企业内部实行了规范化、标准化管理，根据企业不同的发展时期和业务特点进行部门和岗位设置，并且随着企业发展和需要适时进行调整；按照"质、安、环"三体系贯标要求和"科学公正、环保健康、持续改进、为顾客服务"的管理方针，建立并完善了工程管理、营销管理、财务管理、岗位管理、资质管理、考核管理、设备管理、档案管理、保密管理和办公环境管理等一百五十余项规章制度；对公司管理人员和专业人员实施不同岗位的分级培训，除了经常举行公司内部工作交流、业务座谈外，还邀请相关专家对各业务板块的专业人员轮番进行项目管理、工程监理、造价咨询、工程咨询、第三方评估等专业培训，积极参加协会组织的相关专业讲座，培养适合企业发展的各层次人才。在一系列的举措下，公司在发展历程的第二个十年末尾，已经成为业务多样化、人员近千名、合同额超亿元的工程咨询公司，进入国内同行业排名一百强的前列方阵。

## 三、引领发展再铸辉煌

2013年，在公司创建20周年之际，赛瑞斯迎来再一次的新老交替，第三届领导高举公司大旗，继承"发展打造品牌、创新提升价值"的企业价值观，发扬"诚信务实、团结协作、在创新中超越"的企业精神，树立"追求卓越、创造完美、为社会服务"的核心理念，带领赛瑞斯团队继续前行。

面对新时期市场的不断变化、客户的更高要求，赛瑞斯认识到信息化建设和应用对于工程管理有着深远的意义，公司专门抽调了业务骨干，参加BIM技术培训，到大专院校和设计单位参观学习，并运用到工程管理实践中。目前，公司承接的航天部某研发基地项目、中关村产业园项目等十余个项目使用了 BIM 技术实施工程管理，得到了客户认可，也锻炼出一支高科技的工程管理队伍。另外，赛瑞斯还研发了自己的工程管理信息平台，各施工现场按照项目管理、工程监理的工作内容和岗位职责，把相应信息登录在平台上，管理部门就可以在公司网页上浏览，随时掌握各现场实际情况；同时，现场人员也可以浏览其他项目的信息，最大限度地实现了相互交流、相互学习。

赛瑞斯一贯重视员工技术底蕴的积累和管理意识的提升，坚信工程咨询企业的发展依靠的是"业绩是基础、信誉是保证、能力是关键"，为了进一步提高全体员工的业务素质和管理水平，提出了"管理永远在路上"的口号，并且在保证生产、经营等各项工作正常运行的前提下，开展了一系列业务建设活动。公司给部门管理人员配备了有关现代化企业管理方面的书籍和资料，供大家参考学习，不定期的组织管理人员结合自己的工作岗位，相互讲述学习心得；邀请专业院校的讲师，给部门副职以上的管理人员授课，讲解《领导力与执行力》《高效管理沟通》《企业战略发展之道》等科目，并在课堂上、下，请各位管理人员，对照企业现状讲述自己的理解。对于基层员工，公司除了提供一切必要的培训条件以外，还拿出专项资金，组织了全员参与的"公司经营产品 PPT 大赛"、各级岗位的"履职尽责、提升管理演讲比赛"和"典范监理项目评选"等一系列活动。通过这些举措，极大地鼓舞了员工们"修炼内功"的热情，开拓了管理人员的视野，对提高全员业务素质、提升管理水平起到了极大的推动作用。

有耕耘就有收获，近 5 年以来，基于上述一系列的举措和不断完善的规章制度，赛瑞斯形成了极大的技术优势和完整的管理体系，各业务板块也取得了丰硕成果。工程咨询方面，已经与一百余家政府机构、社会团体和企业建立起长期业务关系；造价咨询方面，已经具备建设工程全过程造价咨询能力，可以承接所有专业类别的相关业务；工程监理业务按照区域划分，已经发展成 5 个事业部和 4 个分公司，足迹遍布全国二十多个省的四十多个城市以及境外 5 个国家；第三方评估业务，与多家知名企业建立战略合作关系，部门员工发展到六十余名；项目管理是公司的核心业务，完成了多项城市开发项目、学校和医院等公共设施的代建项目，近期又承接了北京 2022 年冬季奥运会配套项目。截止到去年，公司已有员工一千五百余名，承接的在施工程二百余项，年度合同额达几亿元，取得的鲁班奖、詹天佑奖、金刚奖、国优工程奖等建筑大奖几十项，获得"行业先进""全国质量 AAA 级单位""全国信誉 AAA 级单位""北京市用户满意企业""北京市安全生产先进监理单位等多项荣誉称号"，成为专业素质强、信誉度高的建设工程咨询企业。

进入 2018 年，赛瑞斯的企业发展眼光看得更远，制定了企业发展的中、远期规划，旨在提升公司品牌，打造全国知名的综合性咨询企业，塑造咨询行业的百年品牌。公司上下将以崭新的姿态、积极的态度，努力工作，奋力前行，再铸辉煌。

赛瑞斯在 25 年发展历程中所取得的成就，得益于国家改革开放的大好形势和 30 年前所推行实施的工程建设监理制度；得益于政府部门和行业协会的正确领导；得益于公司老、中、青三代人的努力拼搏。面临行业发展遇到的组织模式、建造模式、服务模式的变更，以及市场对工作标准的要求越来越高等新的情况，赛瑞斯将不断完善自我，坚持四个自信，发扬五种精神，紧跟行业发展的步伐，为国家经济建设、工程咨询事业的发展，贡献我们的全部力量。

# 桥梁监理师

上海建设工程监理公司　周杰

一篙一篙撑，橹一左一右摇；
摇落皖河两岸杏花，摇过赵州桥长满青苔的石拱；
却怎么也摇不出隋代河水清波，涟漪。
红军不怕远征难，万水千山只等闲；
这诗词歌赋，有灰布的八角帽和闪耀的红星；
还有大渡桥横铁索寒，如铁的雄关漫道；
命悬一线的工农红军，从悬索桥上迈入中国革命的曙光。
卢沟桥栏的石狮，憨态可掬；
斑驳的弹坑，八十一年前抗日的烽烟；
华夏灿烂的文明，不屈的风骨皆有桥的身影。
我是一名桥梁监理师，
我爱祖国的大好山河，热爱自己的岗位和横贯山脉、江河的桥梁。
都说当监理苦，当桥梁监理师更苦。
长年奔波于山川湖海，忙碌于喀斯特地形；
风化岩难凿，淤泥浆难挖；
穿荆棘复核轴线，立标尺确认标高；
检查悬臂吊篮的固定，桥台、桥墩混凝土浇筑，与星月一同旁站。
合龙的夜晚，嫦娥去了鹊桥，我们监理丝毫不敢大意和怠慢。
我是一名桥梁监理师，
深知肩上的责任和企业的诚信。
一桥飞架南北，天堑变通途；
桥下百舸争流，桥上车流如梭。
三管三控一协调，时时刻刻牢记心上。
因为爱桥，我着迷审核施工方案、原材料的质量；
因为爱桥，我随时抽查工程科学排序，特殊工种持证上岗。
每一榀箱梁落位、每一根钢索斜拉、每一处合龙收口、每一锹沥青桥面铺面装，我都记录、存档。
桥，书写历史；桥，连通未来。
只因无桥，项羽自刎乌江；
只因无桥，曹操百万兵甲葬身火场。
我是一名桥梁监理师，
我爱桥，爱得是那么如痴如醉，无怨无悔；
我爱桥，因为有过山水阻隔的心焦，海峡两岸分离的煎熬。
桥是民众的期盼，桥是心与心交汇的通道；
桥是爱的纽带，也是城市和国家的徽标。
和我一样，天南地北，很多监理爱桥。
曾经的奈何桥，成了年轻伴侣的表白和诺言；
远古的独木桥，成了观光旅游的景点。
从布鲁革水电站起步，
三十年弹指一挥间，监理行业虽经曲折、探索、岁月变迁，而今高素质的监理人遍布各行各业，有增无减。
我的国需要桥，更需要忠于职守的慧眼去把关，建造高品质的桥。
最高的桥、跨度最大的桥、跨海最长的桥都在华夏。
有桥就有监理人，有桥就有奇迹和信赖，
还有我们监理人扎实工作、不分昼夜，每个质量控制点均有存底和记载。
三十年，白驹过隙；
桥，已成为我们监理人的血脉，不断创新的风采。

# 中国监理三十载

沈阳市振东建设工程监理股份有限公司　杨建民

中国监理三十载，
国家建设添光彩。

工业民用和住宅，
监理足迹遍山海。

安全监理严是爱，
质量控制宽是害。

安全质量责任在，
牢记使命立不败。

产业转型新常态，
行业升级新时代。

企业创新聚人才，
优质服务创品牌。

行业发展搭平台，
国际接轨做纽带。

不忘初心匠情怀，
继续前行匠气概。

一带一路建设快，
中国智造海内外。

忠诚事业心不改，
展现监理新风采，

产业振兴从头迈，
行业发展继开来。

# 与君再一程——贺建设监理创新发展三十年

郑州中兴工程监理有限公司　王晓东

朝夕同行三十年，万里奔海掀巨澜。
百万英才一颗心，几大领域齐亮剑。
设计咨询与监理，工程承包齐发展。
技术服务出国门，攻坚克难谈笑间。
百强引领虽悠然，服务创新任尔坚。
改革深化再重组，旗帜高举筑梦圆。

业务遍布五洲间，完整涵盖产业链。
紧跟时代好机遇，丝绸之路焕新颜。
大国重器国机造，核心技术谱新篇。
专利著作万余项，科技创新不间断。
价值幸福监理人，社会责任记心间。
几成增长何须提，创汇营收复循环。

合力同行肩并肩，创新共赢树理念。
自比进步推动者，以和文化融多元。
向天再借三十年，看我监理宏图展。
与君同饮一杯酒，荣辱与共创新篇！

# 监理·心境

林寅升

站高阁，望江畔，心醉于景。
监质量，保安全，意沉于心。
山一程，水一程，踏破万里。

风一更，雪一更，坚守信念。
仰星河，望明月，故土无声。
念家乡，思天下，家国一体。

观沧海，踏浪潮，扬帆起航。
迎改革，建丝绸，风雨三十。

# 监理之歌

中铁华铁工程设计集团有限公司　汪景勋　柳长奔

一

"条件具备"，

"同意开工"！

你的一声令下，

打破了山川河谷的寂静。

此时此刻，

彩旗招展，

礼炮齐鸣，

响亮的誓言，

回荡天空。

刹那间，

机器轰鸣，

炮声隆隆，

铺路架桥，

劈山凿洞，

筑坝截水，

奠基浇砼。

在祖国广袤的大地上，

你用心血和智慧，

建造出一个又一个伟大工程。

二

风餐露宿，

沐雨栉风，

东奔西跑，

南战北征。

雪域高原，

有你顽强的拼争；

中原大地，

有你矫健的身影；

江南峻岭，

有你奋力的攀登。

恶劣的天气，

你在冰与火中穿行；

艰苦卓绝的环境，

你频繁地挑战自己的人生。

三

你不会忘记，

那些呕心沥血的历程。

吃着清淡的饭菜，

住着简陋的工棚。

深夜里，

你仔细核对设计图纸，

把施工方案推敲审定。

晨曦里，

你组织班前交底，

参透标准工艺技术说明。

在危如累卵的隧道内，

你适时进行工法调整，

化解了一个又一个风险。

在高层建筑上，

你仔细检查，

把安全防护严密布控。

在跨海越江的大桥上，

你围堰打桩，

战胜了一次次浪骇涛惊。

四

巡视检查，

你踏破铁鞋，

及时把施工偏差纠正。

旁站监督，

你岿然不动，

对关键工序把关盯控。

平行试验，

你一丝不苟，

杜绝了不合格材料进入工序。

不留遗憾，

建不朽工程，

你深明大义，

赤胆忠诚。

挑战极限，

你盎然激情。

面对风险，

你善战骁勇。

无论严寒，

还是酷暑；

不管是下雨，

还是刮风；

在你的管辖内，

你把工地当成自己的事业，

你把责任当成自己的使命，

为了保证施工安全质量，

你倾注了自己全部的感情。

五

大爱无疆，

厚德载物；

你用心血和汗水，

浇筑起了高质量的中国梦。

当公路运行，

当铁路开通；

当水电站发电，

当大楼交付使用；

你却悄然离去，

迈向一个新的征程。

中国工程有你的奉献，

加快了实现中华民族的伟大复兴。

国际工程有你的参与，

中国建筑尽显威风。

敬礼！

中国工程监理，

你们是祖国的骄傲，

你们是祖国的光荣，

你们是祖国的自豪，

你们是祖国的英雄。

六

时代在召唤，

奋斗正当时。

监理人，

又立下雄心壮志，

抒发出新的豪情。

不忘初心，

牢记使命。

任重道远，

砥砺前行。

担当责任，

建业立功。

在新时代的伟大进程中一往无前，

在建设社会主义现代化强国中彰显开路先锋。

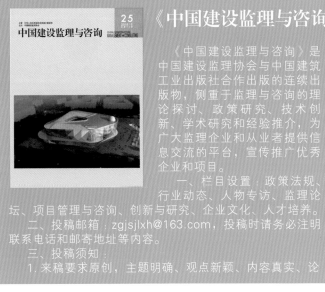

# 《中国建设监理与咨询》征稿启事

《中国建设监理与咨询》是中国建设监理协会与中国建筑工业出版社合作出版的连续出版物，侧重于监理与咨询的理论探讨、政策研究、技术创新、学术研究和经验推介，为广大监理企业和从业者提供信息交流的平台，宣传推广优秀企业和项目。

一、栏目设置：政策法规、行业动态、人物专访、监理论坛、项目管理与咨询、创新与研究、企业文化、人才培养。

二、投稿邮箱：zgjsjlxh@163.com，投稿时请务必注明联系电话和邮寄地址等内容。

三、投稿须知：

1. 来稿要求原创，主题明确、观点新颖、内容真实、论据可靠，图表规范，数据准确，文字简练通顺，层次清晰，标点符号规范。

2. 作者确保稿件的原创性，不一稿多投、不涉及保密、署名无争议，文责自负。本编辑部有权作内容层次、语言文字和编辑规范方面的删改。如不同意删改，请在投稿时特别说明。请作者自留底稿，恕不退稿。

3. 来稿按以下顺序表述：①题名；②作者（含合作者）姓名、单位；③摘要（300字以内）；④关键词（2~5个）；⑤正文；⑥参考文献。

4. 来稿以4000~6000字为宜，建议提供与文章内容相关的图片（JPG格式）。

5. 来稿经录用刊载后，即免费赠送作者当期《中国建设监理与咨询》一本。

本征稿启事长期有效，欢迎广大监理工作者和研究者积极投稿！

## 欢迎订阅《中国建设监理与咨询》

《中国建设监理与咨询》面向各级建设主管部门和监理企业的管理者和从业者，面向国内高校相关专业的专家学者和学生，以及其他关心我国监理事业改革和发展的人士。

《中国建设监理与咨询》内容主要包括监理相关法律法规及政策解读；监理企业管理发展经验介绍和人才培养等热点、难点问题研讨；各类工程项目管理经验交流；监理理论研究及前沿技术介绍等。

### 《中国建设监理与咨询》征订单回执（2019）

| 订阅人信息 | 单位名称 | | | | | |
|---|---|---|---|---|---|---|
| | 详细地址 | | | | 邮编 | |
| | 收件人 | | | | 联系电话 | |
| 出版物信息 | 全年（6）期 | 每期（35）元 | 全年（210）元/套（含邮寄费用） | | 付款方式 | 银行汇款 |

订阅信息

订阅自2019年1月至2019年12月，＿＿＿＿＿套（共计6期/年）　　　付款金额合计￥＿＿＿＿＿＿＿＿＿＿＿元。

发票信息

□开具发票（电子发票）
发票抬头：＿＿＿＿＿＿＿＿＿＿＿＿＿＿＿纳税人识别号：＿＿＿＿＿＿＿＿＿＿＿
发票类型：一般增值税发票
接收电子发票邮箱：

付款方式：请汇至"中国建筑书店有限责任公司"

银行汇款 □
户　名：中国建筑书店有限责任公司
开户行：中国建设银行北京甘家口支行
账　号：1100 1085 6000 5300 6825

备注：为便于我们更好地为您服务，以上资料请您详细填写。汇款时请注明征订《中国建设监理与咨询》并请将征订单回执与汇款底单一并传真或发邮件至中国建设监理协会信息部，传真010-68346832，邮箱zgjsjlxh@163.com。

联系人：中国建设监理协会　孙璐、刘基建，电话：010-68346832、88385640
　　　　中国建筑工业出版社　焦阳，电话：010-58337250
　　　　中国建筑书店　王建国、赵淑琴，电话：010-68344573（发票咨询）

# 《中国建设监理与咨询》协办单位

| | | | |
|---|---|---|---|
| <br>北京市建设监理协会<br>会长：李伟 | <br>中国铁道工程建设协会<br>副秘书长兼监理委员会主任：麻京生 | <br>京兴国际工程管理有限公司<br>执行董事兼总经理：陈志平 | <br>北京兴电国际工程管理有限公司<br>董事长兼总经理：张铁明 |
| <br>北京五环国际工程管理有限公司<br>总经理：李兵 | <br>中国水利水电建设工程咨询北京有限公司<br>总经理：孙晓博 | <br>鑫诚建设监理咨询有限公司<br>董事长：严弟勇　总经理：张国明 | <br>北京希达建设监理有限责任公司<br>总经理：黄强 |
| <br>中船重工海鑫工程管理（北京）有限公司<br>总经理：姜艳秋 | <br>中咨工程建设监理有限公司<br>总经理：鲁静 | <br>北京赛瑞斯国际工程咨询有限公司<br>总经理：曹雪松 | <br>天津市建设监理协会<br>理事长：郑立鑫 |
| <br>河北省建筑市场发展研究会<br>会长：蒋满科 | <br>山西省建设监理协会<br>会长：唐桂莲 | <br>山西省煤炭建设监理有限公司<br>总经理：苏锁成 | <br>山西省建设监理有限公司<br>董事长：田哲远 |
| <br>山西煤炭建设监理咨询公司<br>执行董事兼总经理：陈怀耀 | <br>山西和祥建设通工程项目管理有限公司<br>执行董事：王贵展　副总经理：段剑飞 | <br>太原理工大成工程有限公司<br>董事长：周晋华 | <br>山西震益工程建设监理有限公司<br>董事长：黄官狮 |
| <br>山西神剑建设监理有限公司<br>董事长：林群 | <br>山西共达建设工程项目管理有限公司<br>总经理：王京民 | <br>晋中市正元建设监理有限公司<br>执行董事兼总经理：李志涌 | <br>运城市金苑工程监理有限公司<br>董事长：卢尚武 |
| <br>内蒙古科大工程项目管理有限责任公司<br>董事长兼总经理：乔开元 | <br>吉林梦溪工程管理有限公司<br>总经理：张惠兵 | <br>沈阳市工程监理咨询有限公司<br>董事长：王光友 | <br>大连大保建设管理有限公司<br>董事长：张建东　总经理：肖健 |
| <br>上海市建设工程咨询行业协会<br>会长：夏冰 | <br>上海建科工程咨询有限公司<br>总经理：张强 | 上海振华工程咨询有限公司<br>总经理：徐跃东 | <br>山东天昊工程项目管理有限公司<br>总经理：韩华 |
| <br>青岛信达工程管理有限公司<br>董事长：陈辉刚　总经理：薛金涛 | <br>山东胜利建设监理股份有限公司<br>董事长兼总经理：艾万发 | <br>江苏誉达工程项目管理有限公司<br>董事长：李泉 | <br>连云港市建设监理有限公司<br>董事长兼总经理：谢永庆 |
| <br>江苏赛华建设监理有限公司<br>董事长：王成武 | <br>江苏建科建设监理有限公司<br>董事长：陈贵　总经理：吕所章 | <br>江苏中源工程管理股份有限公司<br>总裁：丁先喜 | 安徽省建设监理协会<br>会长：陈磊 |
| <br>合肥工大建设监理有限责任公司<br>总经理：王章虎 | <br>浙江江南工程管理股份有限公司<br>董事长总经理：李建军 | 浙江华东工程咨询有限公司<br>执行董事：叶锦锋　总经理：吕勇 | 浙江嘉宇工程管理有限公司<br>董事长：张建　总经理：卢甬 |
| <br>浙江五洲工程项目管理有限公司<br>董事长：蒋廷令 | <br>浙江求是工程咨询监理有限公司<br>董事长：晏海军 | <br>江西同济建设项目管理股份有限公司<br>法人代表：蔡毅　经理：何祥国 | <br>福州市建设监理协会<br>理事长：饶舜 |

《中国建设监理与咨询》协办单位

| | | | |
|---|---|---|---|
| 厦门海投建设监理咨询有限公司<br>法定代表人：蔡元发　总经理：白皓 | 驿涛项目管理有限公司<br>董事长：叶华阳 | 河南省建设监理协会<br>会长：陈海勤 | 中兴监理<br>郑州中兴工程监理有限公司<br>执行董事兼总经理：李振文 |
| 河南建达工程建设监理公司<br>总经理：蒋晓东 | 河南清鸿建设咨询有限公司<br>董事长：贾铁军 | 建基工程咨询有限公司<br>副董事长：黄春晓 | 中汽智达（洛阳）建设监理有限公司<br>董事长兼总经理：刘耀民 |
| 河南省光大建设管理有限公司<br>董事长：郭芳州 | 中元方工程咨询有限公司<br>董事长：张存钦 | 河南方大建设工程管理股份有限公司<br>董事长：李宗峰 | 武汉华胜工程建设科技有限公司<br>董事长：汪成庆 |
| 湖南省建设监理协会<br>常务副会长兼秘书长：屠名瑚 | 长沙华星建设监理有限公司<br>总经理：胡志荣 | 湖南长顺项目管理有限公司<br>董事长：潘祥明　总经理：黄劲松 | 广东省建设监理协会<br>会长：孙成 |
| 广州市建设监理行业协会<br>会长：肖学红 | 广东工程建设监理有限公司<br>总经理：毕德峰 | 广州广骏工程监理有限公司<br>总经理：施永强 | 广东穗芳工程管理科技有限公司<br>董事长兼总经理：韩红英 |
| 广东省建筑工程监理有限公司<br>董事长兼总经理：黄伟中 | 重庆赛迪工程咨询有限公司<br>董事长兼总经理：冉鹏 | 重庆联盛建设项目管理有限公司<br>总经理：雷开贵 | 重庆华兴工程咨询有限公司<br>董事长：胡明健 |
| 重庆正信建设监理有限公司<br>董事长：程辉汉 | 重庆林鸥监理咨询有限公司<br>总经理：肖波 | 林同棪工程技术<br>林同棪（重庆）国际工程技术有限公司<br>总经理：祝龙 | 四川二滩国际工程咨询有限责任公司<br>董事长：郑家祥 |
| 中国华西工程设计建设有限公司<br>董事长：周华 | 云南省建设监理协会<br>会长：杨丽 | 云南新迪建设咨询监理有限公司<br>董事长兼总经理：杨丽 | 云南国开建设监理咨询有限公司<br>董事长兼总经理：黄平 |
| 贵州省建设监理协会<br>会长：杨国华 | 贵州建工监理咨询有限公司<br>总经理：张勤 | 贵州三维工程建设监理咨询有限公司<br>董事长：付涛　总经理：王伟星 | 西安高新建设监理有限责任公司<br>董事长兼总经理：范中东 |
| 西安铁一院工程咨询监理有限责任公司<br>总经理：杨南辉 | 西安普迈项目管理有限公司<br>董事长：王斌 | 西安四方建设监理有限公司<br>总经理：杜鹏宇 | 华春建设工程项目管理有限责任公司<br>董事长：王勇 |
| 陕西华茂建设监理咨询有限公司<br>总经理：阎平 | 永明项目管理有限公司<br>董事长：张平 | 陕西中建西北工程监理有限责任公司<br>总经理：张宏利 | 甘肃省建设监理有限责任公司<br>董事长：魏和中 |
| 新疆昆仑工程监理有限责任公司<br>总经理：曹志勇 | 市政监理<br>青岛市政监理咨询有限公司<br>董事长兼总经理：于清波 | 大通监理<br>广西大通建设监理咨询管理有限公司<br>董事长：莫细喜　总经理：甘耀域 | 深圳监理<br>深圳市监理工程师协会<br>会长：方向辉 |

# 河南省建设监理协会

河南省建设监理协会（Henan Association of Engineering Consultants，HAEC），成立于1996年10月，按市场化原则、理念和规律开门办会，致力于创建新型行业协会组织，为工程监理行业的创新发展提供河南方案，为工程监理行业的规范化运行探索更加合理的机制。

河南省建设监理协会以章程为运行核心，遵守国家法律、法规和有关政策文件，协助政府主管部门做好建设工程监理及相关服务的管理工作，提高监理队伍素质和行业管理水平，沟通信息，反映情况，维护行业利益和会员的合法权益，实施行业诚信自律和自我管理。在提供政策咨询、开展教育培训、搭建交流平台、开展调查研究、建设行业文化、维护公平竞争，促进行业发展等方面，积极发挥协会作用。

自建会以来，河南省建设监理协会秉承"专业服务、引领发展"的办会理念，不断提高行业协会整体素质，打造良好的行业形象，增强工作人员的服务能力，将全省监理企业凝聚在协会这个平台上，引导企业对内相互交流扶持，对外抱团发展；引领行业诚信奉献，实现监理行业的社会价值；大力加强协会的平台建设，带领企业对外交流，同外省市兄弟协会、企业沟通交流，实现资源共享、信息共享、共同发展；扩大河南监理行业的知名度和影响力，使监理企业对协会平台有认同感和归属感；创新工作方式方法，深入开展行业调查研究，积极向政府及其部门反映行业和会员诉求，提出行业发展规划等方面的意见和建议；积极参与相关行业政策的研究、制定和修订；推动行业诚信建设，建立完善行业自律管理约束机制，规范会员行为，协调会员关系，维护公平竞争的市场环境。

经过20多年的创新发展和积累完善，现已形成规章制度齐备，部门机构齐全，运作模式成熟的现代行业协会组织。协会设秘书处、专家委员会和诚信自律委员会，秘书处下设综合办公室、培训部、信息部和行业发展部。

新时期，协会在习近平中国特色社会主义思想的指引下，秉承新发展理念，推动高质量发展，积极适应行业协会自身的变革，解放思想，转型升级，不断提升服务能力、治理能力和领导能力，努力建设成为创新型、服务型、引领型的现代行业协会，充分发挥行业协会在经济建设和社会发展中的重要作用。

召开自律公约签约仪式，开拓行业治理新境界

协会到边远偏僻的项目监理机构，慰问现场监理人员

举办工程质量安全监理知识竞赛，提升工程监理质量安全意识

健康生活，多彩监理，行业举办每年一次的运动会

湖南省建设监理协会20周年工作总结会议（1）

湖南省建设监理协会20周年工作总结会议（2）

湖南省建设监理协会第四届会员代表大会暨新技术交流会

# 湖南省建设监理协会

湖南省建设监理协会（Hunan Province Association of Engineering Consultants，简称 Hunan AEC）。

协会成立于1996年，是由在湖南省行政区域内从事工程建设监理及相关业务的单位和人士自愿结成的非营利性社会团体组织，现有单位会员289家。协会宗旨：遵守宪法、法律、法规和国家政策、社会道德风尚，维护会员的合法权益，为会员提供服务。发挥政府与企业联系的桥梁作用，及时向政府有关部门反映会员的诉求和行业发展建议。

协会已完成与政府的脱钩工作，未来将实现职能转变，突出协会作用，提升服务质量，增强会员凝聚力，更好地为会员服务。在转型升级之际，引导企业规划未来发展，与企业一道着力培养一支具有开展全过程工程咨询实力的队伍，朝着湖南省工程咨询队伍建设整体有层次、竞争有实力、服务有特色、行为讲诚信的目标奋进，使湖南省工程咨询行业在改革发展中行稳致远。

2017年4月，协会进行了第四次换届选举，新的理事会机构产生。

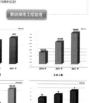

在湖南日报上的宣传

![深圳市监理工程师协会 SHENZHEN PROJECT MANAGEMENT ENGINEERS ASSOCIATION]

# 党建 会建 廉建 齐头并进
# 聚智 凝心 汇力 砥砺前行

深圳市监理工程师协会成立于1995年12月，在20多年的发展过程中一直秉承为会员服务、反映会员诉求、规范会员行为的服务宗旨，目前有企业会员200余家，从业人员2.5万余名。

2015年12月，在深圳市两新组织党工委、市社会组织党委和市住建局的关怀下，深圳市工程监理行业党委（下称：监理行业党委）正式成立。从成立至今，行业党委着力于推进基层党组织建设，以党建为引领，将党建工作嵌入行业管理，提升党建覆盖率；把"两学一做"融入工程监理工作，发挥基层党组织的战斗堡垒作用；以廉洁从业为抓手，规范行业自律，推行廉洁自律六项禁止；实施联合激励联合惩戒，积极开展与城市行业协会的交流协作。

一、三建共融，开展行业廉洁从业工作

在深圳市两新组织纪工委、社会组织党委及政府相关主管部门指导下，在深圳市工程监理行业党委的领导下，成立行业自律组织"深圳监理行业廉洁从业委员会"，依托监理协会开展行业廉洁从业工作，制定了行业廉洁从业委员会工作规则，深入开展行业廉洁从业工作。全面签署《深圳监理行业廉洁自律公约》，接受监理行业廉洁自律公约约束和深圳市监理行业廉洁从业委员会的行业自律管理；推行《深圳市监理行业廉洁自律六项禁止》，推进行业廉洁从业制度化、常态化建设；实施《深圳市工程监理企业信用管理办法（试行）》和《深圳市工程监理从业人员管理办法（试行）》，开展监理企业信用评价和从业人员信用管理，2018年1月正式启动全市监理企业信用评价工作，对监理企业信用开展初始评价、实时评价和阶段评价。

二、三力齐聚，实施联合激励联合惩戒

在深圳市住建局的指导和支持下，协会致力于推动实现"监理企业信用评价与政府主管部门信用管理制度的相衔接，监理企业信用评价成果与监理招标的相衔接，监理行业廉洁自律惩戒与政府惩戒机制的相衔接"三个衔接，把守信联合激励和失信联合惩戒机制落到实处，并同时建议所有招标人在监理招标过程中，同等情况下优先选择已签订《深圳市监理行业廉洁自律公约》且信用等级较高的监理企业和信用较好的从业人员，有效推动了企业信用评价成果的应用。目前，《深圳市工程监理企业信用管理办法（试行）》与深圳市住建局建筑市场信用管理办法的接轨工作正在进行中，这是实现"三个衔接"的重要环节。

政府、协会、企业形成合力，协会"三建共融，三力齐聚"的做法，在创新办会模式、实现资源共享、增强廉洁自律威慑、维护监理市场秩序、宣传工程监理制度、推动行业转型升级等方面发挥了重要作用，受到了深圳市委、市纪委、民政局、住建局和社会组织总会的肯定及表彰。

深圳市工程监理行业党委
深圳市监理工程师协会

深圳市委于2018年6月授予深圳市监理行业党委为"先进基层党组织"　深圳市住建局于2018年2月授予深圳监理协会为"深圳住建系统先进协会"

深圳市社会组织总会于2018年1月授予深圳市监理工程师协会为深圳社会组织"风云榜社会组织"　深圳市纪委、市民政局于2018年3月联合授予深圳市工程监理行业党委为"深圳市行业自律试点工作先进单位"

深圳市召开全市工程监理行业廉洁从业工作会议

10名监理企业领导代表所有在深圳从业的监理企业在会议现场上签署自律公约

中国建设监理协会王早生会长、温健副秘书长莅临深圳监理协会调研指导工作　深、汉、杭、穗、蓉、津、沈、镐、哈九城市工程监理行业协会签署《城市工程监理行业自律联盟活动规则》

赞比亚谦比希年产 15 万吨粗铜冶炼工程（获得境外工程鲁班奖）

江西铜业集团公司 20 万吨铅锌冶炼及资源综合利用工程（部优工程）

哈萨克斯坦国 PAVLODAR 年产 25 万吨电解铝项目（2012 国优）

大冶有色股份有限公司 10 万吨铜冶炼项目（国家优质工程奖）

北方工业大学系列工程（获得多项北京建筑长城杯奖）

江铜年产 30 万吨铜冶炼工程（新中国成立 60 年百项经典暨精品工程）

北京中国有色金属研究总院怀柔基地

中国铝业遵义 80 万吨氧化铝工程

背景：缅甸达贡山镍矿工程（国家优质工程奖）

## 鑫诚建设监理咨询有限公司

鑫诚建设监理咨询有限公司是主要从事国内外工业与民用建设项目的建设监理、工程咨询、工程造价咨询等业务的专业化监理咨询企业。公司成立于 1989 年，前身为中国有色金属工业总公司基本建设局，1993 年更名为"鑫诚建设监理公司"，2003 年更名登记为"鑫诚建设监理咨询有限公司"，现隶属中国有色矿业集团有限公司。公司目前拥有冶炼工程、房屋建筑工程、矿山工程甲级监理资质，设备监理（有色冶金）甲级资质，矿山设备、火力发电站设备及输变电设备三项设备监理乙级资质。拥有工程造价咨询甲级资质和工程咨询甲级资质，中华人民共和国商务部对外承包资质，QHSE 质量、健康、安全、环境管理体系认证证书。

公司成立 20 多年来，秉承"诚信为本、服务到位、顾客满意、创造一流"的宗旨，以雄厚的技术实力和科学严谨的管理，严格依照国家和地方有关法律、法规政策进行规范化运作，为顾客提供高效、优质的监理咨询服务，公司业务范围遍及全国大部分省市及中东、西亚、非洲、东南亚等地，承担了大量有色金属工业基本建设项目以及化工、市政、住宅小区、宾馆、写字楼、院校等建设项目的工程咨询、工程造价咨询、全过程建设监理、项目管理等工作，特别是在铜、铝、铅、锌、镍等有色金属采矿、选矿、冶炼、加工以及环保治理工程项目的咨询、监理方面，具有明显的整体优势、较强的专业技术经验和管理能力。公司的工程造价咨询和工程咨询业务也卓有成效，完成了多项重大、重点项目的造价咨询和工程咨询工作，取得了良好的社会效益。公司成立以来所监理的工程中有 6 项工程获得建筑工程鲁班奖（其中海外工程鲁班奖两项），26 项获得国家优质工程银质奖，118 项获得中国有色金属工业（部）级优质工程奖，获得其他省（部）级优质工程奖、安全施工奖，文明施工示范奖 40 多项，获得北京市建筑工程长城杯 19 项，创造了丰厚的监理咨询业绩。

公司在加快自身发展的同时，积极参与行业事务，关注和支持行业发展，认真履行社会责任，大力支持社会公益事业，获得了行业及客户的广泛认同。1998 年获得"八五"期间"全国工程建设管理先进单位"称号；2008 年被中国建设监理协会等单位评为"中国建设监理创新发展 20 年先进监理企业"；1999 年、2007 年、2010 年、2012 年连续被中国建设监理协会评为"全国先进工程建设监理单位"；1999 年以来连年被评为"北京市工程建设监理优秀（先进）单位"；2013 以来连续获得"北京市监理行业诚信监理企业"。公司员工也多人次获得"建设监理单位优秀管理者""优秀总监""优秀监理工程师""中国建设监理创新发展 20 年先进个人"等荣誉称号。

目前公司是中国建设监理协会会员、理事单位，北京市建设监理协会会员、常务理事、副会长单位，中国工程咨询协会会员、国际咨询工程师联合会（FIDIC）团体会员、中国工程造价管理协会会员，中国有色金属工业协会会员、理事，中国有色金属建设协会会员、副理事长，中国有色金属建设协会建设监理分会会员、理事长。

# 中咨工程建设监理公司

中咨工程建设监理公司成立于 1989 年，是中国国际工程咨询有限公司的全资企业，注册资金 1 亿元，具有工程监理综合资质以及设备监理、工程咨询、招标代理（国家发改委、住房和城乡建设部）、地质灾害治理工程监理、公路工程监理、人民防空工程建设监理等甲级资质，还具有通信建设监理资质。公司专业提供工程监理、设备监理、项目管理、项目代建、招标代理、造价咨询、工程前期咨询等全过程工程建设管理服务，业绩覆盖大型公建、工业、能源、交通、市政、城市轨道、矿山等行业，遍布全国 31 个省、市、自治区以及缅甸、埃及等亚非国家，是我国从事监理业务最早、规模最大、业绩最多、行业最广的监理企业之一。

近年来，公司先后承接和完成了国家体育场（鸟巢）、首都机场 T2 和 T3 航站楼、国家审计署和国家最高人民检察院办公楼、北京市政务服务中心、北京、天津、重庆、深圳等城市地铁，杭州湾跨海大桥、京沪高铁、武汉长江隧道、重庆三峡库区地灾治理、中石油广西和四川千万吨炼油、深圳大运中心、空客 A320 系列飞机中国总装线、台山核电站、宁夏灵武电厂、宁波钢铁公司、国家储备粮库等国家重点建设工程的监理和项目管理任务，其中 35 个项目荣获"鲁班奖"、7 个项目荣获"詹天佑奖"、30 个项目荣获"国家优质工程奖"，近 400 个项目获得各类省部级奖项，多次被评为中国建设监理协会和北京市建设监理协会"先进监理单位"，2008 年被北京市委、市政府和北京奥组委联合授予"北京奥运会残奥会先进集体"和"奥运工程建设先进集体"等荣誉称号，"中咨监理"已成为国内工程建设管理领域响亮的品牌。

公司人力资源充足，专业齐全，拥有一支以"百名优秀总监（项目经理）"为核心的高素质人才队伍，能够熟练应用国际通用项目管理软件，开发了具有自主知识产权的"办公自动化管理系统"和"项目在线智能管理系统"，通过了 ISO 9001：2008 质量管理体系、ISO14001：2004 环境管理体系和 GB/T 28001—2011 职业健康安全管理体系认证。公司还是国际咨询工程师联合会（FIDIC）、中国建设监理协会、中国设备监理协会、中国铁道工程建设协会和中国土木工程学会会员，中国招标投标协会理事，中国通信企业协会理事单位和北京市建设监理协会副会长单位。

面向未来，公司将继续坚持以科学发展观为指导，以"致力于成为行业领先、业主信赖、具有国际竞争力的工程管理服务机构"为目标，牢记"为客户实现价值、为社会打造精品"的使命，树立"竞争促进发展、合作实现共赢"的经营理念，坚持"守法、诚信、公正、科学"的行为准则，以"团队、敬业、求实、创新"为企业文化核心，矢志不渝地为广大客户提供更加优质的服务。

地　址：北京市海淀区车公庄西路 25 号
电　话：010-56392311（办公室）
　　　　010-56392339（事业发展部）
　　　　010-56392335（人力资源部）
网　址：http://zzjl.ciecc.com.cn

国家体育场（鸟巢）

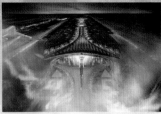

北京首都国际机场 T3 航站楼

中石化科研及办公用房

公安部办公楼

京沪高铁

苏州博物馆新馆

北京地铁 6 号线工程西延工程

宁夏灵武电厂百万超临界机组

国庆 60 周年天安门观礼台

重庆地铁 6 号线一期工程

太原第一热电厂六期扩建
2×300MW 机组工程（鲁班奖）

华润宁夏海原西华山风电场 212MW 风电工程（国家优质工程奖）

江苏华电戚墅堰发电有限公司 F 级 2×475MW 燃机二期扩建工程
（国家优质工程奖）

晋城 500kV 变电站工程（中国电力优质工程银质奖）

印度尼西亚巴厘岛 3×142MW 燃煤电厂

项目管理承包建设的武乡电厂
（2×600MW 机组）

苏洼龙水电工程

华电山西盐湖分散式 49.5MW 风电工程项目总承包

# 华电和祥工程咨询有限公司

华电和祥工程咨询有限公司（简称"华电和祥"，原名为山西和祥建通工程项目管理有限公司）成立于 1994 年，是华电集团旗下唯一具有"双甲"资质（电力工程、房屋建筑工程）的监理企业，同时还具备水利水电工程乙级、市政工程乙级、人防监理乙级和招标代理乙级、总承包三级，以及工程项目管理资质。主营业务有工程监理、项目管理、工程总承包、招标代理、电厂检修维护及相关技术服务。

公司现为中国建设监理协会、中国电力建设企业协会、山西省招投标协会、山西省工程造价管理协会、山西省建筑业协会会员单位，山西省建设监理协会副会长单位，企业信用评价 AAA 级企业。

公司的业务范围涉及电力、新能源、水利、房屋建筑、市政、人防、造价咨询等多个专业领域，迄今为止共监理 300MW 等级以上火电项目 42 项，总装机容量 2720 万 kW；风光发电等新能源项目 56 项；电网项目 434 项，变电容量 5800 万 kVA，输电线路 18000km；工业与民用建筑项目 63 个，建筑总面积 253 万 ㎡。招标代理总标的额逾 16 亿元。

公司以丰富的项目管理和工程监理经验，完善的项目管理体系，成熟的项目管理团队和长期的品牌积累，构成了华电和祥独特的综合服务优势，创造了业内多项第一。多项工程先后荣获中国建设工程鲁班奖 2 项，国家优质工程奖 8 项，中国电力优质工程及省部级质量奖项 30 项。

华电和祥是全国第一家监理了 60 万 kW 超临界直接空冷机组、30 万 kW 直接空冷供热机组、20 万 kW 间接空冷机组，第一家监理了 1000kV 特高压输电线路设计、煤层气发电项目、垃圾焚烧发电项目、煤基油综合利用发电项目、燃气轮机空冷发电项目的监理公司，也是首批实现了监理向工程项目管理转型的企业。

公司连续 18 年被评为"山西省建设监理先进单位"。2007 年被评为"太原市高新区纳税 10 强企业"；2008 年获得"三晋工程监理企业 20 强"荣誉称号、"第十届全国建筑施工企业优秀单位"；2010 年获得"全国先进工程监理企业"；2012 年获得"华电集团公司四好领导班子创建先进集体"；2014 年获得"中国建设监理行业先进监理企业"；2015 年获得"华电集团文明单位"；2016 年获得"三晋监理二十强""全国电力建设诚信典型企业"称号；2017 年获得"全国电力建设优秀监理企业"；2018 年获得"华电集团安全生产先进单位""全国电力建设优秀监理企业""2018 年山西省直文明单位""山西省五四红旗团委"等称号。

回顾过去，我们的企业在开拓中发展，在发展中壮大，曾经创造过辉煌；放眼未来，面对新的机遇和挑战，我们将迈入一个全新的跨越式战略发展阶段。公司的发展战略是以习近平新时代中国特色社会主义思想和党的"十九大"精神为指导；以华电旗帜为引领；以加强改进服务、培养锤炼人才为主攻方向；以扩大公司经营规模为目标，加大市场开发力度，加快推进转型发展，提升管理创新能力，加快引进人才培养，实现公司工程管理服务能力的整体跃升，努力成为可信赖的工程咨询管理专家而奋斗。

地　址：山西省太原市高新区产业路 5 号科宇创业园
邮　编：030006
Email：hxjtzhb@163.com

# 运城市金苑工程监理有限公司
## YUNCHENGSHI JINYUAN GONGCHENG JIANLI YOUXIANGONGSI

运城市金苑工程监理有限公司成立于 1998 年 11 月，是运城市最早成立的工程监理企业，公司现具有房屋建筑工程、市政公用工程监理甲级资质，工程造价咨询乙级资质及招标代理资质。可为建设单位提供招标代理、房屋建筑工程与市政工程监理，工程造价咨询等全面、优质、高效的全方位服务。

公司人力资源丰富，技术力量雄厚，拥有一批具有一定知名度、实践经验丰富、高素质的专业技术团队，注册监理工程师、注册造价师、注册建造师共 36 人次。公司机构设置合理、专业人员配套、组织体系严谨、管理制度完善。

金苑人用自己的辛勤汗水和高度精神，赢得了社会的认可和赞誉，公司共完成房屋建筑及市政工程监理项目 600 余项，工程建设总投资超出 100 个亿，工程质量合格率达 100%，运城市卫校附属医院、运城市人寿保险公司办公楼、运城市邮政生产综合楼、农行运城分行培训中心、鑫源时代城、河津新耿大厦等六项工程荣获山西省建筑工程"汾水杯"质量奖，运城市中心医院新院医疗综合楼、八一湖大桥、永济舜都文化中心等十余项工程荣获省优工程质量奖。连续多年被山西省监理协会评为"山西省工程监理先进单位"，2008 年跃居"三晋工程监理二十强企业"，陈续亮同志被授予"三晋工程监理大师"光荣称号。

公司全体职员遵循"公平、独立、诚信、科学"的执业准则，时刻牢记"严格监理、热情服务、履行承诺、质量第一"的宗旨，竭诚为用户提供一流的服务，将一个个精品工程奉献给了社会。在运城监理业界已取得了"五个第一"：成立最早开展业务时间最长；最早取得业内甲级资质；取得国家级和省级注册监理工程师资格证书人数最多；所监理的工程获"汾水杯"质量奖最多；获山西省建设监理协会表彰次数最多。铸就了运城监理业界第一品牌，赢得了业主和社会各界的广泛赞扬。《运城广播电视台》《运城日报》《黄河晨报》《山西商报》《山西建设监理》等新闻媒体曾以各种形式对公司多年来的发展历程和辉煌业绩予以报道。

开拓发展，增强企业信誉，与时俱进，提升企业品牌。在构建和谐社会和落实科学发展观的新形势下，面对机遇和挑战，公司全体职员齐心协力，不断进取，把金苑监理的品牌唱响三晋大地！

地　址：运城市河东街学府嘉园星座一单元 201 室
电　话：0359—2281585
传　真：0359—2281586
网　址：www.ycjyjl.com
邮　箱：ycjyjl@126.com

卢尚武总经理和他的工程师们（荣获纪念新中国成立六十周年摄影作品三等奖）

监理企业二十强

河津北城公园

龙海大道住宅区

运城高速公路管理局综合办公大楼　　　运城市环保大厦

运城市农行培训中心大楼　　运城市人寿保险公司办公大楼　　运城市邮政生产综合楼

背景：八一湖大桥

公司总裁丁先喜先生

办公环境（1）

办公环境（2）

智谷小镇

南京燕子矶新城保障性住房

项王故里景区

三台山国家森林公园

宿迁运河中心港区

罗地亚（镇江）化工厂

盐城市城市高架

六合新城斜拉桥

上相湾 PPP 工程

# 江苏中源工程管理股份有限公司
## JIANGSU ZHONGYUAN PROJECT MANAGEMENT CO., LTD

江苏中源工程管理股份有限公司于 2015 年 2 月 16 日由江苏中拓项目管理咨询有限公司、江苏通源监理咨询有限公司、镇江方圆建设监理咨询有限公司、江苏腾飞工程项目管理有限公司新设合并而成。公司注册资本 5000 万元，主营全过程工程咨询、技术、管理、监理等业务，目前拥有住建部工程监理综合资质、交通部公路工程监理甲级资质、水利部水利工程施工监理甲级资质、国家人防办人防工程监理甲级资质、交通部水运工程监理乙级资质及招标代理、工程造价咨询等资质。公司在 2018 年中国建设监理协会第六届会员代表大会暨六届一次理事会中当选为中国建设监理协会理事单位，同年在住房和城乡建设部建筑市场监管司统计的 2017 年全国工程监理企业工程监理收入前 100 名中，位列第 30 名。

公司拥有各类专业技术人员 1500 余名，其中专业技术高级职称 450 名，专业技术中级职称约 500 名；住建部注册监理工程师 300 名、注册一级建造师 80 名、注册造价工程师 30 名；交通运输部注册监理工程师 177 人；水利部注册监理工程师 65 人。一直以来，公司重视项目的服务质量，在工程建设管理领域突破创新、成绩显著，深受建设单位和社会各界好评，多项工程荣获"土木工程詹天佑大奖""国家优质工程奖""全国市政金杯奖"等国家级奖项，大量工程荣获省、市级优质工程奖等。2017 年被交通部评为"全国优秀监理企业"，2018 年入选江苏省首批全过程工程咨询试点企业，成为公司转型升级发展战略的里程碑和新起点。

为积极响应国家号召，寄希望于国际接轨并"走出去"的战略背景与环境下，公司总裁丁先喜先生创建的中拓集团公司以江苏中源工程管理股份有限公司在监的项目为切入点，充分运用现代化企业管理手段与信息化管理方式，通过行政、经营、监管、财审、研发五大中心的高度融合，筹划将投资机会研究、可行性研究、工程规划、工程勘察、工程设计、招标代理、造价咨询、工程造价、工程监理、项目管理、项目代建、运维管理以及兼并重组等专业化服务进行有效整合；同时以质量求生存，以工程全寿命服务求发展的方针引领下，全力推进全过程工程项目管理与咨询服务，致力于打造服务工程全寿命的一流服务商。

今日的中源不忘初心，砥砺前行；秉承"上善若水，厚德载物"的经营理念，期望与行业各位同仁建立战略发展关系，携手并肩，为社会各界提供更为优质、专业化的工程咨询服务，为国家建设事业的创新、健康、可持续发展作出新的贡献！

地　　址：江苏省南京市建邺区奥体大街 68 号
　　　　　国际研发总部园 5A 幢 8 楼
总裁交流：025-52315899；18351950701 丁助理
行政中心：025-52234877；18662782755 王经理
经营中心：025-52234899；18905155153 鞠经理
邮　　编：210019
网　　址：www.jsztgj.com

集团微信公众平台

**河南建基工程管理有限公司**
Henan CCPM project management Co., LTD.

河南建基工程咨询有限公司是一家专注于建设工程全过程咨询服务领域的第三方现代服务企业，拥有35年的建设咨询服务经验，25年的工程管理咨询团队，20年的品牌积淀，十年精心铸一剑。

发展几十年来，共完成8060多个工程建设工程咨询服务成功案例，工程总投资约千亿元人民币，公司所监理的工程曾多次获得詹天佑奖、鲁班奖、金银奖、河南省"中州杯"工程及地、市级优良工程奖。

建基咨询是全国监理行业百强企业、河南省建设监理行业骨干企业、河南省全过程咨询服务试点企业、河南省先进监理企业、河南省诚信建设先进企业，是中国建设监理协会理事单位、《建设监理》常务理事长单位、河南省建设监理协会副会长单位、河南省产业发展研究会常务理事单位。

建基咨询在工程建设项目前期研究和决策以及工程项目准备、实施、后评价、运维、拆除等全生命周期各个阶段，可提供包含但不仅限于咨询、规划、设计在内的涉及组织、管理、经济和技术等各有关方面的工程咨询服务。

建基咨询采用多种组织方式提供工程咨询服务，为项目决策实施和运维持续提供碎片式、菜单式、局部和整体解决方案。公司可以从事建设工程分类中，全类别、全部等级范围内的建设项目咨询、造价咨询、招标代理、工程技术咨询、BIM咨询服务、项目管理服务、项目代建服务、监理咨询服务、人防工程监理服务以及建筑工程设计服务。

公司资质：工程监理综合资质（可以承接住建部全部14个大类的所有工程项目）；建筑工程设计甲级；工程造价咨询甲级；政府采购招标代理、建设工程招标代理；水利工程施工监理乙级、人防工程监理乙级。

公司经营始终秉承"诚信公正，技术可靠"，以满足业主需求；以"关注需求，真诚服务"，作为技术支撑的服务理念；坚持"认真负责，严格管理，规范守约，质量第一"，赢得市场认可；强调"不断创新，勇于开拓"的精神；提倡"积极进取，精诚合作"的工作态度；追求"守法诚信合同履约率100%，项目实体质量合格率100%，客户服务质量满意率98%"的企业质量目标。

进入新时代，以服务公信、品牌权威、企业驰名、创新驱动、引领行业服务示范企业为建基咨询的愿景；把思想引领、技术引领、行动引领、服务引领作为建基咨询的梦想。

公司愿与国内外建设单位建立战略合作伙伴关系，用我们雄厚的技术力量和丰富的管理经验，竭诚为业主提供优秀的项目咨询管理、建设工程监理服务，共同携手开创和谐美好的明天！

公司注册地址：河南省郑州市金水区任寨北街6号云鹤大厦第七层
公司办公地址：河南省郑州市管城区城东路100号向阳广场15A层
电话：400-008-2685　　传真：0371-55238193
百度直达号：@建基工程
网　址：www.hnccpm.com　　Email：ccpm@hnccpm.com

建基公司服务号

建基公司订阅号

新野大桥

台前县综合体育中心

汝南文化艺术中心

长葛市职工之家

郑州园博园

郑万高铁平顶山西站东广场及配套

遂平汝河治理

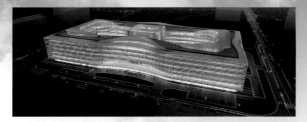

新浪总部大楼（美国绿色建筑 LEED 铂金级预认证）

富力国际公寓（中国建设工程　邯郸美的城（河北省结构优质工程奖）
鲁班奖）

北京富力城（北京市结构长城杯工　智汇广场（广东省建设工程优质奖）
程金质奖）

国贸中心项目（2 标段）（广东省建设工程优质结构奖）

广州市荔湾区会议中心（广州市优良样板工程奖）

联投贺胜桥站前中心商务区（咸宁市建筑结构优质工程奖）

## 广骏监理

### 广州广骏工程监理有限公司

　　广州广骏工程监理有限公司成立于 1996 年 7 月 1 日，是一间从事工程监理、招标代理、造价咨询等业务的大型、综合性建设管理企业。公司现有员工近 500 人，设立分公司 20 个，业务覆盖全国 20 个省、40 余个城市。

　　公司成立至今，先后取得房屋建筑工程监理甲级、市政公用工程监理甲级、工程招标代理机构甲级、电力工程监理乙级、机电安装工程监理乙级、广东省人民防空工程建设监理乙级、工程造价咨询乙级、政府采购代理乙级等资质资格。

　　公司现有国家注册监理工程师、一级注册建造师、注册造价工程师等各类国家注册人员近 100 人，中级或以上职称专业技术人员 100 余人，近 10 人获聘行业协会、交易中心专家，技术力量雄厚。

　　公司先后承接商业综合体、写字楼、商场、酒店、公寓、住宅、政府建筑、学校、工业厂房、市政道路、市政管线、电力线路、机电安装等各类型的工程监理、招标代理、造价咨询项目 500 余个，标杆项目包括新浪总部大楼、国贸中心项目（2 标段）、广州富力丽思卡尔顿酒店、佛山中海寰宇天下花园等。

　　公司是广东省建设监理协会、广东省建筑业协会等 10 余个行业协会的会员单位，并先后担任广东省招标投标协会第一届理事会常务理事单位、广东省现代服务业联合会副会长单位。公司积极为行业发展作出贡献，曾协办 2018 年佛山市顺德区建设系统"安全生产月"活动、美的置业集团 2018 年观摩会等行业交流活动。

　　公司成立至今，屡次获得"广东省守合同重信用企业""广东省诚信示范企业""广东省优秀信用企业""工程监理企业先进单位""先进监理企业"等荣誉称号。公司所监理的项目荣获中国建设工程鲁班奖(国家优质工程)、广东省建设工程优质奖、广东省建设工程金匠奖、北京市结构长城杯工程金质奖、天津市建设工程"金奖海河杯"奖、河北省结构优质工程奖、江西省建设工程杜鹃花奖等各级奖项 100 余项。

　　公司逐步引进标准化、精细化、现代化的管理理念，经北京中建协认证中心审定，先后获得 ISO 9001 质量管理体系认证证书、ISO 14001 环境管理体系认证证书和 OHSAS 18001 职业健康安全管理体系认证证书。近年来，公司立足长远，不断创新管理模式，积极推进信息化，率先业界推行微信办公、微信全程无纸化报销，并将公司系统与大型采购平台及服务商对接，管理效率大幅提高。

　　公司鼓励员工终身学习、大胆创新，学习与创新是企业文化的核心。而全体员工凭借专业服务与严谨态度建立的良好信誉更是企业生存发展之根本。

　　公司发展壮大的历程，是全体员工团结一致、共同奋斗的历程。未来，公司将持续改善管理，积极转型升级，全面提升品牌价值和社会声誉，为发展成为行业领先、全国一流的全过程工程咨询领军企业而奋力拼搏。

微信公众号

# 重庆林鸥监理咨询有限公司

重庆林鸥监理咨询有限公司成立于1996年，是隶属于重庆大学的国家甲级监理企业，主要从事各类工程建设项目的全过程咨询和监理业务，目前具有住房和城乡建设部颁发的房屋建筑工程监理甲级资质、市政公用工程监理甲级资质、机电安装工程监理甲级资质、水利水电工程监理乙级资质、通信工程监理乙级资质，以及水利部颁发的水利工程施工监理丙级资质。

公司结构健全，建立了股东会、董事会和监事会，此外还设有专家委员会，管理规范，部门运作良好。公司检测设备齐全，技术力量雄厚，现有员工800余人，拥有一支理论基础扎实、实践经验丰富、综合素质高的专业监理队伍，包括全国注册监理工程师、注册造价工程师、注册结构工程师、注册安全工程师、注册设备工程师及一级建造师等具有国家执业资格的专业技术人员125人，高级专业技术职称人员90余人，中级职称350余人。

公司通过了中国质量认证中心ISO 9001：2015质量管理体系认证、GB/T 28001-2011职业健康安全管理体系认证和ISO 14001：2015环境管理体系认证，率先成为重庆市监理行业"三位一体"贯标公司之一。公司监理的项目荣获"中国土木工程詹天佑大奖"1项，"中国建设工程鲁班奖"6项，"全国建筑工程装饰奖"2项，"中国房地产广厦奖"1项，"中国安装工程优质奖（中国安装之星）"2项及"重庆市巴渝杯优质工程奖""重庆市市政金杯奖""重庆市三峡杯优质结构工程奖""四川省建设工程天府杯金奖、银奖"、贵州省"黄果树杯"优质施工工程等省市级奖项130余项。公司连续多年被评为"重庆市先进工程监理企业""重庆市质量效益型企业""重庆市守合同重信用单位"。

公司依托重庆大学的人才、科研、技术等强大的资源优势，已经成为重庆市建设监理行业中人才资源丰富、专业领域广泛、综合实力最强的监理企业之一，是重庆市建设监理协会常务理事、副秘书长单位和中国建设监理协会会员单位。

质量是林鸥监理的立足之本，信誉是林鸥监理的生存之道。在监理工作中，公司力求精益求精，实现经济效益和社会效益的双丰收。

地　址：重庆市沙坪坝区重庆大学B区
电　话：023-65126150
传　真：023-65126150
网　址：www.cqlinou.com

重庆大学主教学楼
2008年度中国建设工程鲁班奖
第七届中国土木工程詹天佑奖

大足宝顶山提档升级工程
总建筑面积约 55797.04m²

重庆市万州体育场
总建筑面积：3.1万 m²

重庆市三峡移民纪念馆
总建筑面积：1.5万 m²

重庆大学虎溪校区图文信息中心
2010~2011年度中国建设工程鲁班奖

四川烟草工业有限责任公司西昌分厂整体技改项目
2012~2013年度中国建设工程鲁班奖

重庆朝天门国际商贸城
总建筑面积：54.8万 m²

重宾保利国际广场
2015~2016年度中国安装工程
优质奖（中国安装之星）

重庆建工产业大厦
2010~2011年度中国建设工程鲁班奖

重庆大学虎溪校区理科大楼
2014~2015年度　中国建设工程鲁班奖

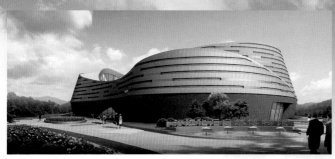

澄江化石自然博物馆

迪庆香格里拉大酒店

昆明润城

昆明碧桂园御龙半山

大理卷烟厂后勤部

临沧市临翔区妇幼保健院

# 云南国开建设监理咨询有限公司
## Yunnan Guokai Project Management & Consultant Co., Ltd.

云南国开建设监理咨询有限公司成立于1997年，在二十多年的创业发展中，始终把提高工程监理服务质量和管理水平作为企业的追求目标，在持续发展中砥砺前行。

公司为工程监理甲级资质企业，业务范围：房屋建筑工程、市政公用工程、机电安装工程、化工石油工程、冶炼工程、人防工程、设备监理、地质灾害治理监理及工程建设项目管理等。

公司是中国建设监理协会、云南省建筑业协会、云南省建设监理协会、云南省设备监理协会会员单位，公司的管理通过ISO 9001质量管理体系、ISO 14001环境管理体系，OHSMS 18001职业健康安全管理体系的认证。

公司强化业务培训，提高员工综合素质，全面推行建设工程监理标准化工作，对各项目监理部实行至少每半年一次的全覆盖两级督查，认真贯彻住建部等建设主管部门的建设工程规范性管理文件，如《危险性较大的分部分项工程安全管理规定》《关于开展建筑施工安全专项治理行动的通知》《建筑工程五方责任主体项目负责人质量终身责任追究暂行办法》《建筑工程项目总监理工程师质量安全责任六项规定(暂行)》等文件，认真落实《建设工程质量管理条例》《建设工程安全生产管理条例》和工程建设强制性标准规范。有效防范和遏制质量安全事故的发生，保证工程质量安全。

近年来，公司所监理项目中获得国家银质奖2项、金杯奖1项、省优一等奖3项、省优二等奖5项、省优三等奖9项、市优质工程一等奖1项、市优质工程二等奖1项等荣誉。

在我国经济由高速增长阶段转向高质量发展阶段、建设监理行业与企业发展步入转型升级和持续发展的新时期，国开监理公司将把握发展定位，继续坚持"公平、独立、诚信、科学"的工作准则和热情服务、严格监理的服务宗旨，不断开拓创新，通过规范管理和标准化监理服务，为城乡工程建设和"一带一路"建设作出新的贡献。

国开监理，工程建设项目的可靠监护人，建设市场的信义使者。

地　址：昆明市东风东路169号
邮　编：650041
电　话(传真)：0871-63311998
网　址：http://www.gkjl.cn

# 贵州三维工程建设监理咨询有限公司

贵州三维工程建设监理咨询有限公司是一家专业从事建设工程技术咨询管理的现代服务型企业。公司创建于1996年，注册资金800万元，现具备住建部工程监理综合资质、工程造价咨询甲级资质、工程招标代理甲级资质；交通部公路工程监理甲级资质；国家人防办人防工程监理甲级资质；贵州省住建厅工程项目管理甲级资质。可在多行业领域开展工程监理、招标代理、造价咨询、项目管理、代建业务。

公司现拥有各类专业技术及管理人员逾800人，其中各类注册执业工程师达200人。多年来承担了近千项工程的建设监理及咨询管理任务，总建筑面积逾千万平方米，其中数十项获得国家、省、市优质工程奖，有5个项目荣获国家"鲁班奖"（国家优质工程）。

公司先后通过了ISO 9001：2000质量管理体系认证，ISO 14000环境管理体系认证，GB/T 28001-2001职业健康安全管理体系认证。连续多年获得"守合同、重信用"企业称号，获得过国家建设部（现住建部）授予的先进监理单位称号，中国建设监理协会授予的"中国建设监理创新发展20年工程监理先进企业"称号，贵州省建设监理协会多次授予的"工程监理先进企业"称号。公司是中国建设监理协会理事单位、贵州省建设监理协会副会长单位。

三维人不断发扬"忠诚、学习、创新、高效、共赢"的企业文化精神，致力于为建设工程提供高效的服务，为客户创造物有所值的价值，最终将公司创建成为具有社会公信力的百年企业。

贵阳市轨道交通1号线

贵州省镇胜高速公路肇兴隧道
贵州高速公路第一长隧，全长4752m，为分离式左右隧道

下图：铜仁机场
铜仁凤凰机场改扩建项目位于贵州省铜仁市大兴镇铜仁凤凰机场内，建筑面积为20000m²（含国内港和国际口岸），为贵州省首个开通国际航线的地州市级机场。

贵阳大剧院
贵阳大剧院，建筑面积36400m²，以一个1498座剧场和715座的音乐厅为主的文化综合体，是贵阳市城市建设标志性建筑。项目荣获2007年度中国建筑工程鲁班奖（国家优质工程），同时，是贵州省首个获得中国建设监理协会颁发"共创鲁班奖工程监理企业"证书的监理项目。

贵阳国际生态会议中心
贵阳国际生态会议中心是国内规模最大、设施最先进的智能化生态会议中心之一，可同时容纳近万人开会。通过美国绿色建筑协会LEED白金级认证和国家绿色三星认证。工程先后获得"第八届中国人居典范建筑规划设计竞赛"金奖，2013年度中国建设工程鲁班奖（国家优质工程）等奖项。

贵州省思剑高速公路舞阳河特大桥

贵州省人大常委会省政府办公楼
贵州省人大常委会省政府办公楼，位于贵阳市中华北路，荣获2009年度中国建设工程鲁班奖（国家优质工程）。项目从拆迁至竣工验收，实际工期377天，创造了贵州速度，是贵州省工程项目建设"好安优先、能快则快"的典型代表。贵州省人大常委会办公厅、贵州省人民政府办公厅联合授予公司"工程卫士"荣誉锦旗。

贵州省电力科研综合楼
贵州省电力科研综合楼，坐落于贵阳市南明河畔，荣获2000年度中国建筑工程鲁班奖（国家优质工程），是国家推行建设监理制以来贵州省第一个获此殊荣的项目。

贵州省委办公业务大楼
贵州省委办公业务大楼，位于南明河畔省委大院内，建筑面积55000m²，荣获2011年度中国建设工程鲁班奖（国家优质工程），中共贵州省委办公厅授予公司"规范监理、保证质量"铜牌。

灵秀一路综合管廊项目航拍实景

西咸金融服务港无人机实拍夜景

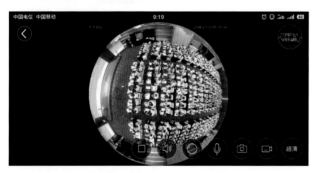

筑术云系统在会议上的应用

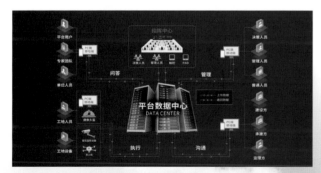

永明公司网络平台图片

曲江亮化项目无人机实拍夜景

# 永明项目管理有限公司

  永明项目管理有限公司成立于 2002 年 5 月，注册资金 5025 万元。专注于建筑工程项目管理和全过程咨询的研究。现有房屋建筑工程监理甲级、市政公用工程监理甲级、工程招标代理机构甲级、工程造价咨询企业甲级等十多项业务资质。具有国家注册监理工程师 190 名，国家注册造价工程师 59 名，其他技术专业人员 120 多名。

  永明公司始终坚持"追求卓越、奉献真诚、与时俱进、优质服务"的企业宗旨，在全国 29 个省市自治区设立了业务网点，业务辐射国家重点工程项目、地方标志性建筑，在项目管理、综合管廊、市政地铁、第三方实测实量和 PPP 项目上积累了丰富的经验。目前有国家优质工程奖 3 项，陕西省建设工程长安杯奖（省优质工程）8 项，陕西省文明工地 97 项。曾多次被陕西省工商局评为"守合同、重信用"企业。

  进入互联网时代，永明公司紧密结合企业实际与行业前景，以上万个项目实践为基础，以网络科技为手段，倾力打造建筑项目全过程管理平台—筑术云。筑术云由一个中心及四个子系统组成，即数据中心、咨询系统、管理系统、沟通系统、执行系统，为现场人员提供全方位的技术支持，为用户提供高品质的服务。

  唯变不变，未来已来，以变应变，未来无限。大数据环境下，海量的工程信息、复杂的工程条件、多样的合作方式、智库资源的需求，都对管理提出了更高的要求，"筑术云"应时而动，顺势而为。筑术云依托永明公司平台优势及丰富的项目实践经验，打通线上线下，通过平台为用户找专家，为专家找用户，实现互利共赢。筑术云改变了传统的建筑管理业态，是驱动工程项目管理服务标准化、规范化、流程化、可视化的改革利器。

  回首昨天，我们问心无愧；展望未来，我们信心百倍。明天，永明人将紧抓机遇，与时俱进，开拓进取，不断创造新的辉煌。

西咸金融服务港无人机航拍全景

# (PM) 西安普迈项目管理有限公司

西安普迈项目管理有限公司（原西安市建设监理公司）成立于1993年，1996年由国家建设部批准为工程监理甲级资质。现有资质：房屋建筑工程监理甲级、市政公用工程监理甲级、工程造价咨询甲级、招标代理甲级；机电安装工程监理乙级、公路工程监理乙级、水利水电工程监理乙级、设备监理乙级；地质灾害治理工程监理丙级、人民防空工程建设监理丙级、工程咨询丙级。公司为中国建设工程监理协会理事单位，陕西省建设监理协会副会长单位，西安市建设监理协会副会长单位，陕西省工程建设造价协会常务理事单位，陕西省招标投标协会理事单位，陕西省项目管理协会常务理事单位。公司是《建设监理》杂志理事单位，《中国建设监理与咨询》杂志协办单位。

公司以监理为主业，向工程建设产业链的两端延伸，为建设单位提供全过程的项目管理服务。业务范围包括建设工程全过程项目管理、房屋建筑工程监理、市政公用工程监理和公路工程监理、机电安装工程监理、地质灾害治理工程监理、工程造价咨询、工程招标代理、全过程工程咨询等服务。

凝聚了一批长期从事各类工程建设施工、设计、管理、咨询方面的专家和业务骨干，注册人员专业配套齐全，可满足公司业务涵盖的各项咨询服务需求。

公司法人治理结构完善、管理科学、手段先进、以人为本、团结和谐。始终坚持规范化管理理念，不断提高工程建设管理水平，全力打造"普迈"品牌。自1998年开始在本地区率先实施质量管理体系认证工作，2007年又实施了质量、环境和职业健康安全管理三体系认证，形成覆盖公司全部服务内容的三合一管理体系和管理服务平台。

25年来，公司坚持以与项目建设方共赢为目标，精心做好每一个服务项目，树立和维护普迈品牌良好形象！获得了多项荣誉和良好的社会评价，两次被评为国家"先进工程监理单位"、连年被评为陕西省、西安市"先进工程监理单位"。

韩城国家文史公园监理项目

地　址：陕西省西安市雁塔区太白南路139号荣禾云图中心4层
邮　编：710065
电话/传　真：029-88422682
网　址：www.xapumai.com.cn

西北大学南校区图文信息中心监理项目获2011年度鲁班奖

施耐德西安电气设备新厂监理项目获2015年度国家优质工程奖

西安电子科技大学南校区综合体育馆监理项目获2018~2019年度鲁班奖

西安威斯汀酒店监理项目

西安771研究所项目监理

西安交大一附院门急诊综合楼、医疗综合楼工程监理

陕西省高等法院工程建设项目管理及监理

西安地铁4号线地铁站装饰安装工程监理三标

西北农林科技大学南校区农科楼工程监理

## 甘肃省建设监理有限责任公司
### GANSU CONSTRUCTION SUPERVISION CO., LTD.

甘肃省建设监理有限责任公司，成立于1993年，是我国首批甲级资质国有监理企业，甘肃省建设监理协会会长单位。公司拥有房屋建筑工程监理甲级、市政公用工程监理甲级、机电设备安装工程监理甲级、化工石油工程监理甲级；冶炼工程监理乙级、水利水电工程监理乙级、人民防空工程监理乙级资质；拥有建设工程造价咨询乙级、信息系统集成涉密资质乙级资质，具备招标代理资格，2001年通过ISO 9001质量管理体系认证。

公司拥有各类专业技术人员260人、高级以上职称44名、中级职称118名；拥有国家注册监理工程师88名，注册造价工程师12名、一级建造师13名、二级建造师及其他注册人员36名，注册执业人员比例高达46.1%。公司下设5个中心、9个事业部，业务范围涉及工程监理、项目管理、招投标代理、造价咨询、数字化建筑信息模型、无人机航拍、建筑行业教育培训、建筑信息模型资格考试。

公司所监理的项目荣获了国家、省（部）级、市级质量奖100项。其中"詹天佑奖"1项、"鲁班奖"4项、"飞天金奖"8项、"飞天奖"65项、"白塔金奖"和"白塔奖"22项。

公司始终坚持"精益求精、科学公正、质量第一、优质服务"的质量方针；一贯倡导"诚信、团结、创新、实干"的企业精神；严格恪守"守法、诚信、公正、科学"的执业准则，赢得了广大业主的赞誉和社会的认可。

公司将以科学的态度、雄厚的技术、真诚的服务与您携手合作，共创精品工程。

甘肃建投"聚银新都"住宅小区1、3~9号楼
荣获2017年度詹天佑奖

武威市雷台公园基础设施建设工程
荣获2004年度鲁班奖

舟曲8.8特大山洪泥石流地质灾害纪念公园
荣获2012~2013年度鲁班奖

甘肃省人民医院门诊急诊楼荣获2005年度飞天金奖

甘肃会展中心建筑群–大剧院兼会议中心项目
荣获2012~2013年度鲁班奖

兰州航天煤化工设计研发中心
荣获2016年度鲁班奖

长城大饭店工程

# 青岛市政监理咨询有限公司

**市 政 监 理**

董事长、总经理于清波

青岛市政监理咨询有限公司成立于 1993 年，为全国首批拥有工程监理综合资质的监理企业。公司集工程监理、项目管理、造价咨询、项目代建、全过程咨询、招标代理等多元化管理团队于一体，一贯秉承着"和合致远、筑建未来"的目标，以追求品质、作风廉政、恪守诚信、技术过硬为执业准则，着力打造具有市政监理人特色的品牌。

公司成立以来，在市场中完善和优化管理，已锤炼成一支专业齐全、设施配套、实力雄厚、经验丰富的咨询队伍，在同行业处于领先地位。公司连续多年获得青岛市委、市政府"文明单位"称号；山东省"重合同守信用"企业；青岛市"劳动关系和谐企业"；青岛市"最佳雇主"企业；青岛市"工人先锋号"集体；青岛市建设市场"诚信守法"先进单位；获得山东省"监理单位综合实力前十名"单位；获得中国建设监理创新发展 20 年"工程监理先进企业"和国家、省、市"工程建设监理先进单位"；青岛市"安全生产管理先进单位"。造就了一批国内、省内的"中国建设监理创新发展 20 年先进项目总监、先进监理工程师"，全省"十佳项目总监""百优监理工程师"，《中国建设报》《山东建设报》《青岛日报》《青岛早报》、青岛电视台新闻频道都进行了多次报道。公司董事长于清波同志被青岛市评为 2009 年度"第十二届青岛市优秀企业家"，被《山东省年鉴大全》（2010年）收录为"先进个人"，2013 年被评为山东省优秀企业家。

公司经营业绩连年提升，其中宁夏路小学、杭鞍高架桥、胶州湾跨海大桥、青岛海水淡化厂、海泊河污水处理厂、海底隧道接线、世园大道、锦州龙栖湾新区等百余项工程获得"鲁班奖""国家优质工程银奖""中国市政工程金杯奖""建设部人居环境奖""泰山杯"，以及部级优良工程、省级优良工程奖等。

公司现有职工 380 多人，其中有近 130 余人取得了国家注册监理工程师、注册造价工程师、一级注册建造师、一级注册结构师资格，高、中级职称占 60% 以上，人员年龄、职称以及专业搭配合理，95% 以上的技术、经济管理人员取得了上岗证资格。

公司推行科学管理，实现了监理工作的标准化、规范化、制度化和监理通管理平台，可胜任建设项目的前期策划、技术咨询、造价咨询、招标代理、项目管理及工程建设监理业务。

公司组织机构健全，团队专业技术力量雄厚、配套齐全、纪律严明，业务覆盖区域广泛，在海南、内蒙古、浙江、辽宁、安徽等省及省内注册有十几家分公司，已累计承接各类监理项目千余项，重点工程的优良率 100%，合同履约率 100%。

公司在发展中充分利用和发挥人力资源专业配套齐全的优势，一贯倡导"守法、公正、诚信、科学"的工作精神，重视人员培训、科学管理，以及企业形象和信誉，并已通过 ISO 9001：2008 质量体系认证，按国际惯例实施项目管理；企业的无形资产不断扩大，以良好的信誉赢得了社会各界的广泛赞誉和支持。

21 世纪创业大厦

青岛世界园艺博览会

贵州扶贫

青岛市地铁 4 号线

青岛市海水淡化厂

青岛胶州湾跨海大桥

青岛胶州新机场

养马岛大桥

地　址：山东省青岛市崂山区辽阳东路 12 号鹏利南华写字楼 3 号楼 4 层
邮　编：266034
电　话：0532-85638680
传　真：0532-85630772
邮　箱：sdqdszjl@163.com

莫细喜董事长　　　　甘耀域总经理

## 广西大通建设监理咨询管理有限公司

广西大通建设监理咨询管理有限公司成立于1993年2月16日，是中国建设监理协会会员单位、广西工程咨询协会常务理事单位、广西建筑业联合会常务理事单位，也是广西壮族自治区南宁市建设监理协会副会长单位。本公司拥有房建工程监理甲级和市政工程监理甲级及机电安装工程监理甲级资质；工程咨询单位乙级资质；同时拥有工程招标代理、人防监理、水利水电监理、公路监理的乙级资质，获得了质量管理体系GB/T 19001-2016、职业健康安全管理体系GB/T 28001-2011和环境管理体系GB/T 24001-2016认证证书。本公司主要从事房建、市政、人防、水利水电、公路等各类建设工程在项目立项、节能评估、编制项目建议书和可行性研究报告、工程项目代建、工程招标代理、工程设计施工等各个建设阶段的咨询、评估、工程监理、项目管理和技术咨询服务。

南宁国际会展中心A广场　　　南宁经开区北部湾东盟总部基地

人才是企业立足之本，也是为业主提供优质服务的重要保证。公司现有员工550余名，在众多高级、中级、初级专业技术人员中，国家注册咨询工程师、监理工程师、结构工程师、造价工程师、设备工程师、安全工程师、人防工程师、一级建造师和香港测量师共占203名。各专业配套的技术力量雄厚，办公检测设备齐全，业绩彪炳，声威远播。至2017年12月末，累计完成有关政府部门和企事业单位委托的项目建议书、可行性研究报告、项目代建、招标代理、方案优选、工程监理等技术咨询服务1700余项，其中包括广西二招（荔园山庄）、邕江大学新校区、南宁北部湾科技园总部基地、柳州地王国际财富中心、北海人民医院、广西民族大学图书馆、南宁规划展示馆、南宁快速环道A标C标、百色起义纪念馆、红军桥及迎龙山公园、柳州卷烟厂新厂、桂林苏桥工业园、贵港东湖治理、玉林体育馆、河池水电公园、龙州龙鼎大酒店、凭祥书画院等。足迹遍及广西大地和海南省部分市县，积累了丰富的经验。获得业主的良好评价。经过25年的锤炼，积淀了本公司"大通"鲜明特色的企业文化，成功地缔造了"大通"品牌，多次被住建部和中国监理协会评为全国建设监理先进单位，多年被评为广西壮族自治区、南宁市先进监理企业，多年获得广西和南宁工商行政管理局授予的"重合同守信用企业"称号，累计获国家"鲁班奖""国家优质工程""广西优质工程"等奖项290余项，为国家和广西各地经济发展作出了应有的贡献。

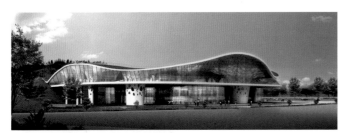

南宁规划展示馆

广西大通建设监理咨询管理有限公司愿真诚承接业主新建、改建、扩建、技术改造项目工程的建设监理和工程咨询及项目管理业务，以诚信服务让业主满意为奋斗目标，用一流的技能、一流的水平，为业主工程提供一流的技术服务，全力监控项目的质量、进度、投资、安全，做好合同管理、信息资料、组织协调工作，使业主建设项目尽快产生投资效益和社会效益！

广西壮族自治区二招会议及宴会中心　　广西民族大学西校区图书馆

柳州会展会议中心　　　　柳州地王国际财富中心

地　址：广西南宁市科园大道盛世龙腾A座十三楼
电　话：0771-3859252  3810535
传　真：0771-3859252
邮　编：530007
邮　箱：gxdtjl@126.com
网　址：www.gxdtjl.com

桂林苏桥工业园　　　　邕江大学新校区鸟瞰图

背景：河池水电公园鸟瞰图

# 驿涛项目管理有限公司

## 公司简介

公司是驿涛集团旗下的主要的、最具实力的子公司，原成立于2004年2月5日，在2006年8月25日由厦门市驿涛建设技术开发有限公司更名为福建省驿涛建设技术开发有限公司，2015年10月28日经国家工商行政管理总局批准更名为驿涛项目管理有限公司。公司注册资本人民币5001万元，是一家经各行业行政主管部门批准认定的，集工程项目全过程管理、工程管理软件开发的综合性、高新技术企业。公司总部位于厦门经济特区，在福建全省各地市及北京、上海、天津、重庆、成都、西安、南京、安徽、河南、湖北、广东、深圳、海南、云南、贵州、青海、内蒙、新疆、西藏、辽宁、吉林等地设近百家分支机构。

公司具有甲级招标代理、甲级政府采购、甲级造价咨询、甲级房建工程监理、甲级市政公用工程监理、机电安装工程监理、化工石油工程监理、水利工程监理、人防工程监理、中央投资招标代理、建筑工程设计、工程勘察设计、市政行业设计、公路行业设计、风景园林工程设计、建筑装饰工程设计、城乡规划编制、工程咨询、房屋建筑工程施工总承包、市政公用工程施工总承包、机电、智能化、石油化工、环保工程、装饰工程施工、档案服务和档案数字化等二十多种资质。公司现有员工300多人，有教授级高级工程师、高级工程师、高级经济师、工程师、经济师、注册建筑师、注册城市规划师、注册结构工程师、注册电气工程师、注册公用设备工程师、注册咨询工程师、注册造价工程师、注册招标师、注册监理工程师、注册建造师等工程技术人员以及软件工程师、网络维护、营销人员等各种专业技术人才。公司大专以上学历人员占公司人数的95%以上，均长期在工程建设领域从事技术管理工作，知识结构全面，工作经验丰富。

经过驿涛人的不懈努力，驿涛品牌深得广大客户、行政主管部门及社会各界的广泛认可和好评，公司各项业务迅速开拓并取得良好的社会效益和经济效益。公司完成了民用建筑、工业厂房、市政公用、园林景观、机电设备、铁路、公路、隧道、港口与航道、水利水电、电力、化工石油、通信等各类型的工程。建设项目的全过程项目管理、项目代建、EPC总承包模式、工程咨询、工程设计、招标代理、PPP工程项目招标、政府采购、造价咨询、工程施工、工程监理、档案数字化业务。公司管理的多个工程项目获得各部门的多次奖励，主要有"省级优秀造价企业""参编省级工法""省级优良工程""省级示范工地""优秀成果奖""优秀审计单位奖""市级文明工地""市优质工程"等称号。公司历年获依法纳税标兵、福建省一级地标达标单位、全国质量诚信AAA等级单位、福建省AAAAA级档案机构，并荣获福建省2017年度福建省工程监理机构前三强、"2017年度福建省造价咨询机构前三强""2017年度福建省项目管理机构前三强""2017年度中国招标代理机构综合实力30强"、招标代理企业信用评价AAA等级等荣誉。

公司始终坚持追求卓越的经营理念，坚持以人为本管理理念，在公司党支部和工会领导下，员工有良好的凝聚力。企业形成爱心、奉献、共赢的文化。公司以全新理念指导企业发展，为保证公司技术质量、管理质量、服务质量能同步发展，自主研发了"驿涛招标代理业务管理系统""驿涛造价咨询业务管理系统""驿涛监理业务管理系统""驿涛软件开发业务管理系统""驿涛分支机构业务管理系统""驿涛预算软件""驿涛城建档案管理系统""驿涛档案在线采集软件"等平台软件。公司通过了质量管理体系ISO 9001：2008(QMS)、环境管理体系ISO 14001:2004(EMS)、职业健康管理体系18001:2007、GB/T 50430-2007(OHSAS)等认证。

公司致力于为工程项目的全过程管理提供优质服务。严格按照"求实创新、诚信守法、高效科学、顾客满意"的服务方针，崇尚职业道德，遵守行业规范，用一流的管理、一流的水平，竭诚为客户提供全面、优质的建设服务，努力回馈社会，真诚期待与社会各界朋友的精诚合作。

龙海市石码中心小学新校区

金林湾安置房建设项目

安顺黄铺生态植物园建设项目代建

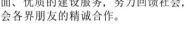
三明市动车站

黄铺物流园玄铺片区综合管廊

地址：厦门市集美区软件园三期诚毅北大街57号11楼12楼
电话：4006670031　0592-5598095
邮箱：1626660031@qq.com
网址：http//www.ytxm.com
邮编：361021